禦敵海上

明代閩海兵防之探索

何孟興　著

蘭臺出版社

目　錄

自　　序

　　福建，北界浙江，南連廣東，東臨無際大海，沿岸島嶼林
立，船帆往來十分便捷。故如何去防禦自海上進犯之敵人，便
成該地邊防最重要之課題；而有明一代福建海防最大敵人，便
是來自東北方海上的日本倭人，且「倭奴入寇，與明代相終始」
（清人藍鼎元語。）。因此，福建海防之措置，便係針對倭犯
問題而進行佈署的。有關此，明人曹學佺〈海防志〉曾言道：
「閩有海防，以禦倭也。國初，設衛、所。沿海地方自福寧至
清漳，南北浙、粵之界，為衛凡五、為所凡十有四；仍於要害
之處立墩臺、斥堠，守以軍餘、督以弁職，傳報警息：凡以防
倭於陸。又於外洋，設立（水）寨、遊（兵）。……：凡以防
倭於海。時值春、秋二汛，駕樓船，備島警；總鎮大帥亦視師
海上，按期駐節：經制周矣」。

　　明政府雖自明初洪武時，即在福建邊海設立軍衛、守禦千

戶所，用以捍衛陸岸上百姓之安全，之後，又陸續在海中佈署水寨、遊兵，以水師戰船抵禦海中來犯的敵人，但若從兵防角度來看，要在海中攻勦或抵禦敵寇，它的難度似乎又比陸地高出了許多，「防海之難，難於防陸，以海瀇延袤，受敵多也。且大洋浩渺，往來飄忽，乘風駕汛，莫知其時」（見《明季荷蘭人侵據彭湖殘檔》〈兵部題行「條陳彭湖善後事宜」殘稿（二）〉。），便是其主因。例如明中葉嘉靖年間，海盜汪直勾結倭寇作亂，閩、浙沿海大為騷動，有人建議用重賞招降汪，此事雖遭部分官員強力反對，但中央朝廷的兵部卻贊同此議，理由是「海嶼賊，與山賊異。山賊有定巢，可以遣將出師，攻而取之；海嶼賊乘風飄忽，瞬息千里，急之則遯去、乘間則復來，有非兵力所能取必者。……故臣等欲倣岳飛楊么黨黃佐故事懸以重賞，使之歸為我用，以賊攻賊；非敢輕授官爵以示之弱也。」（見《明實錄》嘉靖三十三年五月乙丑條。）由上不僅可知悉，兵部官員同意此議背後之苦衷，同時，亦道盡了海上禦敵的困難度。

　　雖然，水師在海上禦敵的難度遠高於岸上的陸兵，但不管他們究竟係水師或陸兵？且無論其成員究係來自明初以來的衛、所官軍，或是嘉靖倭亂後新募的水、陸官兵？他們素質之高低、表現之良窳，卻都攸關海防之安危成敗，而無水師、陸兵、衛所官軍或新募官兵之差別！此次本書所收錄的六篇文章——包括有〈明人「恐倭」心理之初探－以嘉靖倭亂後的福建為例〉、〈廈門中左所：明代閩南海防重鎮變遷之探索〉、〈沈有

容出任浯嶼水寨把總源由之探索〉、〈以撫代勦：談沈有容在海盜袁進降撫事件中之貢獻〉、〈明末澎湖遊擊裁減兵力源由之研究〉和〈明末澎湖遊擊裁軍經過之探索〉，都是筆者近年在國內期刊上發表過的，且文中探討之內容都與上述問題多少有相涉者，不僅係延續個人先前所出版的《閩海烽煙－明代福建海防之探索》之研究範疇，同時，亦是在該書所收錄之論文發表後，對福建海防相關問題所做的一些探索心得。其次是，筆者要特別地感謝蘭臺出版社給予此次專書刊印之機會，讓個人可以重新去審視上述發表過的文章，並對原先文中的贅詞、不適當文句、漏列註釋資料，以及其他缺失不足處進行調整或修正，讓拙文內容能較先前發表時，來得更加地完整些。此外，因不同學術刊物行文中之序號或格式上稍有差異，為使本書各篇論文節次有共同標準，讓讀者方便閱讀，個人亦將各文章節序號之代碼加以統一，依次為一、（一）、1⋯⋯，特此說明。最後，期盼本書之出版，能對明代福建海防相關問題探索上有些許地助益，此為筆者最大之心願；至於，內容上若有缺失不足處，敬祈讀者不吝賜正。

何 孟 興 于臺中‧霧峰
朝陽科技大學通識教育中心

導　論

> 古未聞有海防也，有之，自明代始；而防之嚴也，則自
> 嘉靖始。
>
> 　　　　　　　　　　　　　　　　　　　　—清・《同安縣志》

　　上述這段文句，[1]係清仁宗嘉慶（1796-1820）時刊印的《同安縣志》海防篇中的一段話語，這部福建泉州地區的方志認為，中國開始有海防，起於明代，至於防備較為嚴密，則始自於中葉的世宗嘉靖（1522-1566）年間。上述的內容，主要係指明洪武帝為防禦倭人、海盜騷擾沿海，特設軍衛、守禦千戶所、巡檢司和兵船基地的水寨，星羅棋佈，以禦敵犯。明中葉嘉靖年間，因倭寇之亂荼毒沿海十餘年，沿海兵防較前愈加嚴密，

---

[1]　林學增等修，《同安縣志》（臺北市：成文出版社，1989 年），卷 42，〈舊志小引・嘉慶志小引〉，頁 10。

兵制亦愈加細密化，以本書探討主題的福建為例，該地最高長官巡撫的專設，[2]軍事統帥的總兵由暫遣改為駐鎮，[3]皆在此時完成。又如嘉靖二十八年（1549）時，在總兵底下增置參將一員，三十五年（1556）時，參將分增為水、陸二路，至三十八年（1559）再改水、陸二路為北、中、南三路，參將由兩名再增為三位。此外，又如在沿海要島或重要海域設置機動的打擊部隊――「遊兵」，時間最晚亦不超過嘉靖中期。[4]

　　嘉靖倭寇之亂，這場被稱為「天地一大劫」的可怕動亂，[5]不僅使東南沿海民眾生命、財產蒙受巨大的損失，同時在心靈上亦造成嚴重的創傷，「閭巷小民，至指倭相詈，甚以嚇其小兒女云」，[6]不但有不少人因此而畏懼倭人，甚至還深恐嘉靖時的

2　嘉靖三十六年時，因福建倭亂嚴重，明政府專設巡撫一職，係由督師平亂的工部侍郎趙文華所建議。

3　閩地的總兵一職，在嘉靖以前係由中央朝廷暫遣的，嘉靖年間才改為固定的駐鎮總兵官，有關此，明人何喬遠亦言道：「嘉靖四十二年，以閩中連歲苦倭，議設總兵鎮守，春、秋二季駐鎮福州（省城），夏、冬二季駐鎮東（衛）」。見何喬遠，《閩書》（福州市：福建人民出版社，1994 年），卷之 40，〈扞圉志〉，頁 983。

4　例如嘉靖三十二、三年時，為因應倭亂猖獗，浙閩都御史王忬便曾在福建沿海重要地點，如福州省城門戶的閩安鎮、惠安的獺窟、晉江的圍頭、金門的料羅……等地佈署遊兵戰船，請參見卜大同，《備倭記》（濟南市：齊魯書社，1995 年），卷上，〈置制〉，頁 2。

5　請參見董應舉，《崇相集選錄》（南投市：臺灣省文獻委員會，1994 年），〈嚴海禁疏〉，頁 2。

6　張其昀編校，《明史》（臺北市：國防研究院，1963 年），卷 322，〈外國三・日本〉，頁 3694。

悲劇某天還會再度地降臨！此一心理現象，其源由及其經過的探討，係本書收錄的首篇論文〈明人「恐倭」心理之初探－以嘉靖倭亂後的福建為例〉之研究主題。即以福建為例，在嘉靖倭亂結束後的三、四十年，[7]亦即神宗萬曆三十年（1602）時，有次日本送回被虜的中國難民時，當倭船長驅直入泉州城下的那一幕，便讓許多人心驚膽跳、憂心不已，[8]時任泉州知府的程達即是其一，他曾言道：「豈有醜虜卒來，如入無人之境，門戶安在哉！」[9]為此，他便商議要在泉城附近覓尋可供水師兵船泊駐之處，用以保衛地方安危，而時任浯嶼水寨指揮官的沈有容遂議陳，泉城海上門戶的石湖地點頗為適宜，[10]此便是同一年（1602）明政府將泉州最重要水師兵船基地－－浯嶼水寨，由廈門北遷至石湖的原因之一。[11]

---

[7]　嘉靖福建倭寇之亂較嚴重的時間，約始於三十四年十一月倭犯泉州，至四十三年二月蔡丕嶺之役結束為止，前後共約九年多時間。有關嘉靖年間閩地倭亂之詳細經過，請參見下文〈明人「恐倭」心理之初探－以嘉靖倭亂後的福建為例〉之「一、明人「恐倭」心理之源由」中的「（三）嘉靖倭亂經過」的相關內容。

[8]　相關的記載，如郭惟賢〈改建浯嶼寨碑〉中所載稱：「先是，島夷悔罪，送歸被擄人民；海上一葦突至，如履無人之境，識者憂之」。見沈有容輯，《閩海贈言》（南投市：臺灣省文獻委員會，1994年），頁7。

[9]　黃國鼎，〈石湖愛民碑〉，收入沈有容輯，《閩海贈言》，頁8。

[10]　有關此，請參見黃國鼎，〈石湖愛民碑〉，收入沈有容輯，《閩海贈言》，頁8。

[11]　因為，浯嶼水寨北遷石湖的因素，有其歷史發展的「必然」性和「偶然」性，亦即福建當局「重北輕南」的海防思維，以及浯寨設在廈門，寨址過於偏南，不利泉州整體汛防的嚴重缺失，是導致浯寨北遷的「必然」性；而在地方人士「恐倭」心理背景之下，「泉城倭船事件」此一「偶然」性的事故，更加深福建

　　說到浯嶼水寨，因它與本書所收錄的兩篇文章——〈廈門中左所：明代閩南海防重鎮變遷之探索〉和〈沈有容出任浯嶼水寨把總源由之探索〉有密切的關聯，筆者有必要對其做一概略性介紹。因為，備倭禦盜之需要，福建水師設有兵船，於海上執行哨巡、征戰等任務，水寨不僅是官兵返航泊靠的母港，同時，亦是船艦補給整備、修繕保養的基地，以及官兵平日訓練和生活起居的處所。明時，在福建沿海有五座知名的水寨，包括福寧州的烽火門水寨、福州府的小埕水寨、興化府的南日水寨、泉州府的浯嶼水寨以及漳州府的銅山水寨，明、清史書常合稱為「五寨」或「五水寨」。其中，浯嶼水寨（以下簡稱「浯寨」）約於洪武二十年（1387）由江夏侯周德興創建於同安海中的浯嶼，該寨水師主要是負責泉州地區沿海的防務，而且，有明一代其寨址曾兩度地搬遷，首先係在孝宗弘治二年（1489）以前內遷到近岸離島的廈門，之後，又在萬曆三十年（1602）時，北遷到泉州灣岸邊的石湖。其中，又以浯寨內遷廈門影響最為重大，它不僅破壞明初時設寨浯嶼「守外扼險，禦敵海上」的海防構思，且又讓浯嶼淪為倭盜巢據的處所，他們並以此為跳板，四處流竄劫掠，閩、粵沿海深受其害，而於嘉靖倭亂時到達了顛峰！但從另一角度來看，亦因浯寨的遷入，卻亦開啟

當局搬遷浯寨至此的決心和速度，故在上述「必然」和「偶然」因素交相影響之下，浯寨北遷以加強捍衛泉城的海上安全遂成為了事實。請參見何孟興，《浯嶼水寨：一個明代閩海水師重鎮的觀察（修訂版）》（臺北市：蘭臺出版社，2006 年），頁 189。

了廈門日後發展成為明代中後期閩南海防重鎮的關鍵契機，有關此，並請參閱底下的拙文〈廈門中左所：明代閩南海防重鎮變遷之探索〉所述之內容。其次是，關於浯寨指揮官的職階問題，它的情況與其他四寨相同，初期應是名色把總，嘉靖晚年才升格為欽依把總，[12]且轄下並擁有一定數額的水師官兵，以及福、哨、冬、鳥等各型的兵船。[13]雖然，浯寨指揮官職階並

---

[12] 有關此，請參見何孟興，《浯嶼水寨：一個明代閩海水師重鎮的觀察（修訂版）》，頁 104-105。因為，把總係明代中低階的軍官，又有名色和欽依之等級區別，「用武科會舉及世勳高等題請陞授，以都指揮體統行事，謂之『欽依』」，而「由撫、院差委或指揮及聽用材官，謂之『名色』」，欽依把總的地位遠高於名色把總，請參見懷蔭布，《泉州府誌》（臺南市：登文印刷局，1964 年），卷25，頁 10。

[13] 有明一代，浯嶼水寨官兵數額的變化情況頗大，從初期近三,〇〇〇到後期的一,〇〇〇餘人，相差近乎三倍。至於，兵船的數量變化似乎則稍較小些，約在三、四十艘之間。因為，明代前期時，浯寨的官兵來自於值戍的漳州、永寧等沿海衛、所，若不包括春、冬汛期前來支援海上勤務的「貼駕征操軍」（約五〇〇人左右），總人數約在二,九〇〇人左右；至於，兵船的部分亦由值戍的衛、所提供，確切數量目前不詳，僅知較晚約於嘉靖二十六年時額設為四十二艘。之後，因軍伍內部腐化嚴重，且值戍衛、所官軍又大量逃亡，影響到水寨海防功能的發揮，明政府遂於嘉靖四十三年時進行改革，浯寨和其餘四寨相同，每寨額設兵船三十二隻，另行重募新兵二,二〇〇名，原有衛、所官軍則不再輪戍水寨，僅於汛期維持舊例派出貼駕征操軍，協助新募寨兵出海扼險備敵而已。此後，浯寨不僅擁有自身的寨兵和兵船，其中，兵船數額到後期愈多，萬曆三年以後便已達四十隻，萬曆四十年時數量更增至四十八艘之多，且至崇禎初年都維持在此數。但是，浯寨兵丁的數額日後卻減少嚴重，萬曆四十年時便僅剩下一,〇七〇人，不到原來招募額數的一半，且至明末似未有太大地改變。至於，浯寨額兵短少的原因，主要應是部分被抽調至泉州海域新設的水師之中，包括隆慶四年增設的浯銅遊兵，以及萬曆二十五的澎湖遊兵。有關上述的內容，請參見何孟興，《浯嶼水寨：一個明代閩海水師重鎮的觀察（修訂版）》，頁 112-113；123-125；216-220；

非很高，但吾人若細察曾任此職者的事蹟，便可發現到，有多位在任內嘗立下戰功流傳後世者，例如李希賢（嘉靖時任）、[14] 秦經國（隆慶時任）、[15] 翁元輔（萬曆時任）、[16] 薛震來（崇禎時

243-249。其次是，浯寨並擁有的福、哨、冬（仔）、鳥等各型的兵船，而上述各船的特徵、功能及其配備，可參見懷蔭布，《泉州府誌》，卷24，頁34；何孟興，《浯嶼水寨：一個明代閩海水師重鎮的觀察（修訂版）》，頁126-148。

[14] 例如嘉靖二十八年初時，先前泊據浯嶼之賊寇和葡萄牙人，開洋航至漳州詔安靈宮澳下灣拋泊，福建巡海道柯喬和都司盧鏜聞此，督率各寨軍兵勦之，李希賢領浯嶼水寨官兵親與此役。官軍大捷，擒獲葡萄牙人和賊寇李光頭等百餘人。請參見朱紈，《甓餘雜集》（濟南市：齊魯書社，1997年），卷5，頁41；何孟興，《浯嶼水寨：一個明代閩海水師重鎮的觀察（修訂版）》，「附錄」，頁304。

[15] 秦經國，字嘉猷，別號東望，福州鎮東衛人，擢任浯嶼水寨把總時，海寇曾一本縱橫海上，閩、廣大騷動。朝廷遂下詔兩省協勦，督府下令有能督戰艦先登者，予金三百；經國趨應，令募死士，與之約定，戰不重傷者殺無赦。遇賊銅山、南澳間，大戰竟日，士死傷過半，火燎經國鬚並傷其右股。經國氣愈奮，親發大砲，焚攻其舟，斬首百餘級。請參見葉向高，《蒼霞草全集‧蒼霞續草》（揚州市：江蘇廣陵古籍刻印社，1994年），卷之15，〈秦將軍傳〉，頁29；陳壽祺，《福建通志》（臺北市：華文書局，1968年），卷139，〈明武宦績〉，頁7；何孟興，《浯嶼水寨：一個明代閩海水師重鎮的觀察（修訂版）》，「附錄」，頁305。另外，明人何喬遠的《閩書》亦嘗言道：「人謂東南水戰者，無踰（秦）經國。經國行海道中，自浙至粵數千里無不知其曲折，舟行，臥聽水聲曰：『此某地某地』。不肯一錢入於馬門，是以不至大帥。（秦）嘗言：『岳武穆"武臣不惜死"五字，勝《孫子》十三篇也』。」見該書，卷之67，頁1995。

[16] 翁元輔，字孝揆，號曉暢，約萬曆四十、四十一年間由松江金山衛指揮使擢任浯寨把總。任事期間，乘風破浪與士卒同其苦，揚威海上，革除衛、所貼駕擇便之例金而戍卒懷恩，擒獲小埕橫發難制之劇盜而威名大震，緝捕通番不可測之販船而隱禍根絕，兢惕勤勞，咸謂其有保障之功。有關此，請參見懷蔭布，《泉州府誌》，卷31，頁81；蔡獻臣，《清白堂稿》（金城鎮：金門縣政府，1999年），〈浯嶼把總翁曉暘去思碑記（癸丑）〉，頁582；何孟興，《浯嶼水寨：一個明代閩海水師重鎮的觀察（修訂版）》，「附錄」，頁307。

任）……等。[17]但是，最為臺、澎地區民眾所熟悉者，則莫過於萬曆二十九（1601）至三十四（1606）年間擔任此職的沈有容，主要是他在任內曾有二件事功與臺澎歷史相涉者，一是東番（即今日臺灣）勦倭之役，沈本人冒著寒冬巨浪，率軍涉險渡海臺灣，勦滅巢據於此的倭盜，救回被擄漁民三百餘人，維護沿海的治安。一是他領兵往赴澎湖，勸退求市的荷人，鞏固東南海疆邊陲，不戰而屈人之兵。上述英勇傳奇的事蹟，不僅在當時流傳開來，[18]之後亦見於史書之中。[19]因為，沈有容上述

17　例如崇禎六年，時任浯嶼水寨把總的薛震來，曾領軍往赴福建北路支援協勦海盜劉香。九月，時荷蘭人勾結海寇劉香進犯福建沿海，閩撫鄒維璉發大軍，以遊擊鄭芝龍部為前鋒，大破荷人舟師於料羅灣，震來親與此役，泉南遊擊張永產稱震來等人「一時用命，而收全功」。有關此，請參見鄒維璉，《達觀樓集》（臺南縣：莊嚴文化事業有限公司，1997年），卷18，頁51；中央研究院歷史語言研究所編，《明清史料》（臺北市：維新書局，1972年），乙編，第七本，頁662；何孟興，《浯嶼水寨：一個明代閩海水師重鎮的觀察（修訂版）》，「附錄」，頁308-309。

18　浯嶼水寨把總沈有容東番勦倭、澎湖退荷的英勇事蹟，在當時便已流傳開來，沈的多位友人便曾撰述詩文紀念此事，例如黃鳳翔的〈靖海碑〉、屠隆的〈平東番記〉、郭元春的〈賦東番捷〉、陳第的〈舟師客問〉……上述的文章，皆收入沈有容所自輯的《閩海贈言》一書中。

19　例如清高宗乾隆年間重修的《泉州府志》卷三十一〈名宦三‧明‧浯嶼把總〉條中，便曾詳載沈有容東番勦倭、澎湖退荷二事之詳細經過，內容如下：「倭距東番為巢，四出剽掠，沿海戒嚴。（沈）有容陰詗其地勢，部署戰艦，以二十一舟出海；遇風，存十四舟。壬寅[按：即萬曆三十年]臘月，乘風破浪，過澎湖，與倭遇；諸士卒殊死戰，勇氣百倍，格殺數人，縱火沈其六舟，斬首十五級，奪還男女三百七十餘人；倭遂去。東番旄倪壺漿饋餼牽來犒我師曰：『沈將軍[即沈有容]，再造我也』！海上息肩者十年。事聞，將史悉敘功，有容止費白金而已。甲辰[即萬曆三十二年]七月，紅毛番[即荷蘭人]長韋麻郎駕三大艘泊澎湖之

事蹟頗為傳奇，令筆者感到十分地好奇，想進一步瞭解他的其餘事蹟，而本書所收錄〈沈有容出任浯嶼水寨把總源由之探索〉，以及〈以撫代勦：談沈有容在海盜袁進降撫事件中之貢獻〉的這兩篇文章，便是個人近年探索所得到的部分心得，欲與讀者進行交流分享。

前面說到沈有容勸退澎湖求市的荷人，然而此事並未因此就完全地落幕，十八年後荷人又捲土重來，於熹宗天啟二年（1622）再度地佔領明軍信地的澎湖，[20]並在島上築城自固，

島，通譯求市；稅使高宷受賂召之也。僉謂茲舉利一害百，萬不可從；以屬有容。乃輕袍緩帶，徑登其身，為譚陳國家威德、封疆峻限與夫主客勞逸之勢、持久坐困之苦，聲韻雄朗，意氣磊落。麻郎感悟，索償所賂宷金，伺風便揚帆而去。自是鯨鯢消戰，溟波永靖；瀕海之民，咸頌其德」。見懷蔭布，《泉州府誌》，卷31，頁79-80。上文中的「陰詗」二字，意指私下探察。另外，附帶一提的是，筆者為使本文前後語意更為清晰，方便讀者閱讀的起見，有時會在文中引用句內「」加入文字，並用符號"（ ）"加以括圈，例如上文的「（沈）有容陰詗其地勢」，特此說明。此外，上文中出現"[按：即萬曆三十年]"者，係筆者所加的按語，本文以下內容中若再出現按語，則省略如上文的"[即萬曆三十二年]"。

20 明代福建水師官兵分防之地，謂之「信地」。有關澎湖係水師信地之記載，例如天啟五年四月時，〈兵部題行「條陳彭湖善後事宜」殘稿(一)〉便曾載道：「照得彭湖[即澎湖]逼近漳、泉，實稱藩籬重地。國初設有戍守，後漸荒榛。邇年以來，雖有彭湖[即澎湖遊]、彭衝[即澎湖衝鋒遊]二遊（兵）把總領兵防汛，而承平日久，憚於涉險，（春、冬）三[誤字，應「二」]汛徒寄空名，官兵何曾到島，信地鞠為茂草，寇盜任其憑凌，以致奸人勾引紅夷[指荷人]，據為巢穴，臥榻鼾睡，已岌岌乎為香山澳之續矣[指葡萄牙人佔領澳門一事]」。見臺灣銀行經濟研究室編，《明季荷蘭人侵據彭湖殘檔》（南投市：臺灣省文獻委員會，1997 年），頁19。

且又因欲進行直接互市不成，遂怒而派遣船艦至泉、漳沿岸騷
擾劫掠，並在海上掠奪中國的船隻。尤其是，澎湖又位居航道
之上，荷人據此可截控中流，斷絕海上交通往來，導致南北糧
船停擺、米價高漲，以及通洋商販被迫轉向荷人進行私貿的嚴
重後果。[21]之後，明政府歷經兩年的努力，才將荷人逐往臺灣，
並經此慘痛教訓之後，決意擴大澎湖的兵防佈署規模，來守衛
此一「失而復得」的海上要島，其重要的措置包括有設立澎湖
遊擊、水師陸兵兼設、長年戍守澎湖、築城壘置營舍，以及鼓
勵軍民屯耕……等，兵力多達二千一百餘人。但是，上述明政
府在天啟五年（1625）重新佈署的防務措施，卻在經過不到數
年的時間便又改弦易轍，除將戍防型態由全年駐防改為春、冬
二季汛防外，並還裁撤澎湖遊擊半數的兵力，讓此次空前盛大
佈防計畫虎頭蛇尾地收場，……而此一變化極大的政策轉向，
亦令筆者感到十分地好奇，為此，遂針對此一問題蒐羅相關史
料，嘗試去瞭解此次明政府裁軍的經過及其背後的原因，而本
書所收錄的〈明末澎湖遊擊裁減兵力源由之研究〉和〈明末澎

---

21 有關此，時任南京湖廣道御史的游鳳翔即指道：「今彭湖盈盈一水，去興化一日
水程，去漳、泉二郡只四、五十里。於此互市，而且因山為城，據海為池，可
不為之寒心哉？且閩以魚船為利，往浙、往粵，市溫、潮米穀又不知幾十萬石；
今夷據中流，魚船不通，米價騰貴，可虞一也。漳、泉二府負海居民，專以給
引通夷為生，往同道經彭湖；今格於紅夷，內不敢出，外不敢歸，無籍雄有力
之徒，不能坐而待斃，勢必以通屬夷者轉通紅夷[即荷人]，恐從此而內地皆盜，
可虞二也。……」。見臺灣銀行經濟研究室，《明季荷蘭人侵據彭湖殘檔》，〈南
京湖廣道御史游鳳翔奏（天啟三年八月二十九日）〉，頁4。

湖遊擊裁軍經過之探索〉二文，便是個人探索後所獲致之心得！

接下來，筆者便將書中所收錄這六篇文章內容，逐次做一扼要的陳述，讓讀者在閱讀本書前先有一個較為具體的輪廓。首先是〈明人「恐倭」心理之初探－以嘉靖倭亂後的福建為例〉。明代福建地區官民對倭人產生恐慌的「恐倭」心理，係長久以來疑倭、厭倭和懼倭三種心態相互影響下的產物，而此現象在嘉靖倭亂之後情況尤為明顯。至於，此一「恐倭」心理的由來，可以追溯自明初太祖洪武（1368-1398）年間，中、日雙方便因沿海倭患問題而彼此關係不睦，明人「疑倭」的想法此時便已開始滋生。加上，明政府海禁政策和朝貢貿易等失當的措置，導致中日間走私猖獗、倭人來華劫掠……等問題頻生，亦讓一般人對日本和倭人多充滿負面的觀感和評價。尤其是，嘉靖年間爆發全面性的倭寇之亂，不僅東南沿海諸省皆受其害，而且倭盜手段殘暴，歷時又長達十餘年，福建地區受害十分地嚴重。之後，大規模倭亂雖遭明政府勦平，但倭人劫掠沿海的問題卻未完全地斷絕，加上，接下來，萬曆（1573-1620）年間又爆發日本侵略朝鮮、控制琉球以及窺伺臺灣……等一連串可能危害明帝國安全之情事，而上述這些問題，不僅讓明人先前疑倭的想法更加地強烈，同時，亦加深他們對倭人仇厭和畏懼的心理；而且，上述的疑倭、厭倭和懼倭三種心態又糾結在一起，彼此相互地影響之下，便形成了嘉靖倭亂之後明人特有對倭人恐慌的「恐倭」心理，而此一現象，在曾遭受過倭害地區的民眾（或其子孫），似乎亦特別地明顯，

福建即是一好例。至於，閩地官民「恐倭」心理呈現之問題，它主要又表現在「民眾恐懼倭亂再現」和「政府防備倭犯重演」這兩方面上頭。其一是官民恐懼倭亂再現。因為，先前經歷嘉靖倭亂巨大的苦難之後，之後，倭患問題又無法完全地根絕，此亦讓他們心中恐懼，未來是否還會再發生類似的屠戮慘劇？而且，只要倭人一有風吹草動，大家隨即驚恐反應，他們害怕昔時燒殺擄掠的恐怖景象可能會再出現！其二是政府防備倭犯重演。明時，福建兵防或官制之增置變革，多與防倭問題有直接的關連，尤其是，嘉靖倭亂期間是其重要變化的關鍵階段，福建的巡撫、總兵、參將甚或遊兵之始置和興革皆於此時。不僅如此，明代閩地軍事備防之強度，亦與日本、倭人威脅的情況程度成正比，許多的兵防措置或變革都為防倭而設的，因倭人犯刺激而起的，總之，上述的兵防變革或增置構思，都是為了防犯日本或倭人而設計的，主要便是希望嘉靖倭亂的屠戮悲劇不要再發生！

其次是，〈廈門中左所：明代閩南海防重鎮變遷之探索〉。本文係以福建近岸的離島－－廈門為何會發展成為明代閩南海防重鎮的源由，及其變遷經過做為研究的主題。廈門，位處九龍江河口，扼控泉、漳二府海上交界，戰略地位特殊且重要。明初洪武年間，為防止倭寇侵擾，明政府便在此，設立中左守禦千戶所和塔頭巡檢司，來保衛內地百姓的安全。然而，影響廈門發展成為明代中後期閩南海防重鎮，莫過於泉州最重要水師兵船基地－－浯嶼水寨的內遷。因為，廈門位近內地，

交通往來便利，生活條件良好，軍需補給容易，又有港澳可供船艦泊靠，便成了該寨新址的理想地點；至於，該寨由九龍江河口的浯嶼，遷入的時間則應不晚於弘治二年（1489）。接下來，穆宗隆慶四年（1570）時，明政府又將新設的浯銅遊兵駐防在廈門，讓廈門在閩南海防上扮演愈來愈重要的角色。萬曆二十年（1592）中日朝鮮之役爆發後，明政府調派泉、漳沿海軍事指揮官－－南路參將於春、冬汛期駐防廈門，讓其海防地位又再次地提升，正式地成為泉、漳沿海兵防的指揮中心。之後，明政府對廈門的重視亦有增無減，如萬曆四十四年（1616）設立的浯澎遊兵，該遊指揮官亦以廈門做為駐防地點。天啟元年（1621）時，明政府又在廈門設置泉南遊擊，統轄泉州的水、陸官軍！次年（1622），荷人佔據澎湖，要求直接互市，侵擾泉、漳沿海，福建巡撫、總兵更親赴廈門視導軍務或駐箚指揮，該地是明政府逐荷復澎工作的指揮中心！雖然，廈門為泉、漳的海防重鎮，但天啟以後，因明國力衰頹不振，又值荷人東來中國求市，加上，閩海賊盜問題有愈來愈嚴重之趨勢，導致該地成為荷人和海盜侵擾、爭奪的處所！不僅，荷人來此進行走私貿易或進行劫掠活動，而各路的海盜亦不遑多讓，鄭芝龍、李魁奇和鍾斌等人更將此視為是競逐的場域或勢力的爭奪地盤，彼此火拼打鬥、互較長短，甚至於，在此燒殺擄掠，致使當地百姓、商家苦不堪言。最後，被明政府招撫的鄭芝龍，不僅重挫荷人，還擊敗群雄，脫穎而出，成為廈門的實際掌控者。此一光怪陸離的現象，亦是亡國前無力作為的明政府之最佳寫照。

　　再次是，〈沈有容出任浯嶼水寨把總源由之探索〉。沈有容，
安徽宣城人，萬曆初武舉出身，歷任福建、浙江水師要職，官
至山東登萊總兵，卒時，朝廷贈「都督同知」銜並賜祭葬，以
表彰其功；至於，浯嶼水寨是福建沿海水師兵船母港基地之一，
負責泉州海上防務工作，前文已對該寨做過說明，不便再做贅
述。本文即是想探索為何明政府會任命沈有容擔任浯寨把總的
由來，因為，假若他在當年未擔任過此職，日後便很難有機會
可率軍在萬曆三十年（1602）前去臺灣勦滅倭寇，以及三十二
年（1604）往赴澎湖勸退求市的荷人；故可稱，沈能於二十九
年（1601）年底出任浯寨把總一職，是他日後在臺灣史上名垂
千古的重要先決條件。至於，沈有容能由原先的浯銅遊兵名色
把總陞任此職，其主要原因有二：一、他在浯銅把總任內表現
突出，於萬曆二十九年（1601）四月東椗之捷和五月的彭山洋
之役，便共擒斬倭盜六十餘人，相對於此時其他的水寨、遊兵
船艦多為倭盜所掠之景況，此一優異表現，深獲明政府高度地
肯定。二、浯嶼水寨把總馬權表現失職遭到撤換。馬本人懦怯
無能，加上，轄下的哨官又被搶走二艘兵船，而遭革俸之懲處，
並被認為不適再任該寨指揮官。然而，沈最終能晉陞任浯嶼寨
總一職，其最主要關鍵乃在福建按察司僉事王在晉的大力推
荐，以及鍥而不捨地努力的結果。至於，王此一舉措的出發點
有二，一者是為福建海防的整體利益而著想，「為地方力保有功

之將，事屬至公」。[22] 一者係考量沈的為人特質，稱其「此人勇敢直前，不避矢石，疇不愛身，所志在功名耳」，[23] 且近又遭其他將領的攻訐，恐其心生辭職返鄉之念，故希望明政府透過陞遷來留住他，不要讓福建水師平白地丟失一位勇敢負責、能建戰功的良將。

又次是，〈以撫代勦：談沈有容在海盜袁進降撫事件中之貢獻〉。袁進，可稱是明末東南海盜問題猖獗第一個引人注意的大海盜，史稱「漳、泉海寇，起自袁進；進，受撫於閩將沈有容」，[24] 亦即他後來接受了福建水標遊參將沈有容的招撫，至於，受撫時間則是在萬曆四十七年（1619）。不僅如此，沈在日後陞任副總兵往赴山東履新時，袁本人還隨行前往，一位是萬曆晚年知名的大海盜，一位是在臺灣勦殺倭盜、澎湖勸退荷人名載史冊的良將，兩人因福建當局採取招撫之政策而產生互動，格外令人感到新鮮和好奇。為此，筆者蒐羅袁進受撫相關之史料，希望透過本文來探討沈有容在此次招撫事件中所做之貢獻；經過探索研究之後，並獲致以下的結論：亦即海盜袁進流劫閩、粵沿海，成為上述二省官軍共同追緝的目標，此亦讓其陷入困境，不得不去找明政府接洽降撫之事宜。因為，廣東當局勦討

22　王在晉，《蘭江集》（北京市：北京出版社，2005 年），卷之 20，〈書・與方伯見吾徐公書二首（其二）〉，頁 25。

23　王在晉，《蘭江集》，卷 19，〈書帖・上撫臺省吾金公揭十三首（其九）〉，頁 15。

24　吳偉業，《綏寇紀略補遺》（下），〈附紀〉，收入董應舉，《崇相集選錄》（南投市：臺灣省文獻委員會，1994 年），附錄五，〈漳泉海寇〉，頁 129。

手段較嚴厲且又堅定，袁進遂選擇福建當局做為請撫的對象；至於，在袁的求撫過程中，有三點值得吾人留意。首先是，福建當局亦由原先勦討的態度，改變為接納其求撫的主張，此一轉變背後之原因並不單純，應不僅只有沈有容所稱的「兵船寡少，難以追捕」而已。[25]其次是，本次主導招撫袁進的決策者，是巡撫王士昌而非將領沈有容，沈只是在執行整個招撫政策中，扮演一個重要的角色而已。最後是，此次冒險往赴袁處接洽降撫事宜，除沈有容外尚有南路副將紀元憲，此亦是吾人不可忽略的，然因紀個人此事相關史料難覓，加上，沈有容又因《閩海贈言》及其回憶錄〈仗劍錄〉流傳之關係，相較之下，容易讓後人誤以為，招撫袁進純係沈一人努力功勞之結果，而忽略了王士昌、紀元憲二人對此事之貢獻。

更次是，〈明末澎湖遊擊裁減兵力源由之研究〉。天啟五年（1625）時，明政府逐走荷蘭人後，在澎湖進行大規模的兵防佈署，並設立了澎湖遊擊鎮守該地。但是，卻因無法找出一個有效的制度或方法，來管控或監督澎湖的駐軍；加上，澎湖又是荷蘭東亞貿易的重要轉運站，荷人為使其貨物轉運的工作能順利地進行，遂採取賄賂或給好處的手段，來收買當地的守軍；同時，澎湖的駐軍亦仗恃大海隔絕、難以有效監督而恣意妄為，於是發生了諸如遊擊王夢熊向荷人借款購貨、再轉售荷人以圖

25　有關此，請參見沈有容，〈仗劍錄〉，收錄於姚永森〈明季保臺英雄沈有容和《洪林沈氏宗譜》〉，《安徽史學》1987 年第 1 期，頁 31。

利，甚至於，替海盜鄭芝龍製造兵器和彈藥……等一連串匪夷所思的情事。因為，澎湖駐軍無法發揮預期應有的功能，尤其是，王夢熊犯行被舉發而遭處重刑後，此案不僅讓新設的澎湖遊擊體制遭受不小的創傷，同時，多少亦影響了明政府日後對澎湖進行裁軍的決策走向。加上，此際北方滿人犯邊的問題嚴重，明政府軍費暴增，財政開支愈加地龐大，各省必須分攤中央交派的軍費，財政窘困的福建亦不得例外，故此際若能減少澎湖駐軍的數額，或調整其戍防的型態，例如將全年駐防改為春、冬汛防，對福建當局的財政亦當有不少的助益。總之，「大海遠隔，監督不易」的地理因素、「北邊緊張，遼餉孔急」的財政因素，以及「駐軍收賄，功能不彰」的人為因素，上述三者讓明政府不得不去深入檢討，天啟五年（1625）設立澎湖遊擊，佈署了二千餘人的兵力，長年把守這個孤遠、貧瘠的海島，此一耗費巨大財力、弊端叢生、功能卻不彰顯的措置，是否值得再繼續地執行下去？此亦是明政府對澎湖遊擊進行裁軍背後的源由所在。

最後是，〈明末澎湖遊擊裁軍經過之探索〉。大海，一直是明帝國發展海防過程中最難克服的問題，多少具前瞻性的政策，迫限於此而轉彎或是退讓，致其原先欲得的功效大打折扣，澎湖遊擊裁軍即是一好例。因為，明政府在逐走荷人後，在澎湖進行大規模的兵防佈署，除設立澎湖遊擊外，並派遣了二千一百餘名的水、陸官兵，來戍守此一失而復得的海上要島。但是，新設的澎湖駐軍卻無法發揮原先預期之功能，導致明政府

對其進行裁軍之行動，至於，其措施主要有三。一是駐防時間的改變。澎湖的駐軍由長年屯守改回春、冬二汛，改制時間最晚不超過思宗崇禎二年（1629）。二是佈防方式的調整。明政府在對澎軍進行更「守」為「汛」的改革時，為配合此而先對澎湖遊擊的兵力編制進行更動，亦即將其轄下陸兵的左、右翼二把總撤廢掉，改設回原先水師的澎湖、澎（湖）衝（鋒）二把總，亦即捨棄天啟五年（1625）改制後的「陸主水輔，固守島土」的防禦思維，改回先前的遊兵時期「水師兵船，防海禦敵」的佈防方式。三是澎湖把總的裁撤。此次，明政府裁撤的是澎湖遊擊轄下的澎湖把總及其部隊，推動時間可能在崇禎（1628-1644）初年，時間最遲不超過六年（1633）七月。至於，澎湖遊擊總共被裁撤多少的兵力，根據推估，可能在半數即一，一〇〇人左右，而被裁撤的澎湖把總兵力即在其中！至於，為何裁撤澎湖把總而不裁澎衝把總，主要應是兵防戰術上的考量。因為，澎湖遊擊及其標下把總所轄的兵力，係負責正面接敵的「正兵」角色，而衝鋒把總及其部隊則是扮演伏援策應的「奇兵」角色，如此才能延續萬曆四十四年（1616）浯澎遊兵成立時所採取的澎湖、（澎湖）衝鋒二遊兵「正奇並置，戰術完整」的佈防方式，此亦顯示著，明政府雖裁減了澎湖部分兵力，但其延續先前設浯澎遊時，欲讓「海中」的澎湖防務，走上「內岸化」的目標依然是未變的。

明人「恐倭」心理之初探
──以嘉靖倭亂後的福建為例

前　言

> 臣幼時聞諸父老：嘉靖末，倭肆劫得志，一夕談笑，肉
> 薄城下不過千人；城上人股慄，江上兵船銜尾閉眼欲走。
> 當事者不得已，括金帛啗之；揚揚而去。當時幸城內無
> 通倭者耳；設有一焉為之內應，（福州）省城必危。省城
> 危，而八閩之道不通，無閩矣。

以上的這段文字，[1]是明神宗萬曆四十年（1612）時，福

1　董應舉，《崇相集選錄》（南投市：臺灣省文獻委員會，1994 年），〈嚴海禁疏〉，頁 2。此外，筆者為使本文前後語意更為清晰，方便讀者閱讀的起見，有時會在文中引用句內「」加入文字，並用符號 "（ ）" 加以括圈，例如上文的「（福州）省城必危」，特此說明。

州閩縣人董應舉對世宗嘉靖（1522-1566）年間倭寇之亂的相關描述。[2] 文中提及，他幼時聽聞父老說起倭亂的恐怖情狀，倭寇逼臨福州城下時才不過千人，但城上的百姓見此卻恐懼不已，附近江上的兵船亦紛紛退而走避，不敢掠其鋒，此時，當事者為免遭其破城燒殺擄掠，不得已向民眾收括財物，以滿足倭寇之需求，而讓其揚長而去！類似上述的景象，在嘉靖倭亂東南沿海城鎮中曾上演多次，令人一點都不覺得陌生。不僅如此，董還在上述的〈嚴海禁疏〉中提及，倭亂係起因於海禁政策實施鬆散，私販挾倭人起來作亂有以致之，故他希望明政府嚴格執行海禁，斷絕通倭私貿之問題，「早選才望、有方略者為福建海道，專主海禁，假以便宜。凡惡少通倭者及大姓出母錢資之通倭者皆重法，以折其萌」；[3] 而近似董的主張者，在當時並不乏其人，而且，他們對日本或倭人多充滿負面的觀感和評價，包括對其抱持著懷疑、仇厭甚或畏懼之態度。然而，會有上述這些現象之產生，與明人過去切身經驗有密不可分的關係。

因為，嘉靖倭亂對明代中晚期東南沿海地區的傷害實在太大了，不僅百姓的生命、財產遭受空前巨大之損失，而且，還讓他們心靈留下難以抹滅的嚴重創傷，並產生「畏倭如虎」

2　董應舉，字崇相，號見龍，福建閩縣人，萬曆二十六年進士，歷官至工部兼戶部侍郎，撰有《崇相集》。

3　董應舉，《崇相集選錄》，〈嚴海禁疏〉，頁3。

的心理後遺症，[4] 例如萬曆晚年某月十五日，有三艘賊船直駛航至福州松下，消息傳到福清縣城時，人皆驚懼恐慌做鳥獸散，曾任首輔大學士的葉向高見此狀，[5] 認為對民眾有此反應不需感覺到特別地奇怪，「蓋在嘉靖戊午［即嘉靖三十七年］倭賊不二、三百人，臨城守埠之人聞銃聲即走，頃刻城破，屠戮無遺，毋怪乎今日之驚懼也」，[6] 可見嘉靖三十七年（1558）倭寇陷城屠掠之慘劇，雖然至此已時隔了五十餘年，但卻讓福清縣民無法忘懷且心生警惕，才有此驚恐之反應！

因為，嘉靖倭寇之亂對東南沿海百姓傷害實在太大，且

---

[4] 　嘉靖倭亂對東南沿海傷害甚深，亦讓明人產生恐懼倭人再次來犯的心理，例如明人葉向高便曾語道：「敝邑［按：即福州府福清縣］人懲于（嘉靖）戊午［即嘉靖三十七年］之破，城屠戮甚慘，皆有譚虎之懼。又值（福清縣）城垣傾倒，猝難修理，愈增惶駭，幸藉寵靈，賊旋遁去，……」（見葉向高，《蒼霞草全集‧蒼霞續草》（揚州市：江蘇廣陵古籍刻印社，1994 年），卷之 22，〈答李按院〉，頁 14。）亦即嘉靖三十七年他的故鄉福清縣城被倭寇攻陷，百姓慘遭屠戮，不僅閩人受創嚴重，並且，日後還產生害怕倭寇「譚虎之懼」的心理。附帶一提的是，上文中出現 "［按：即福州府福清縣］" 者，係筆者所加的按語，本文以下內容中若再出現按語，則省略如上文的 "［即嘉靖三十七年］"。

[5] 　葉向高，字進卿，號臺山，福建福清人，明晚期曾歷官三朝，兩入中樞，獨相七年，首輔四載，係當時政壇的風雲人物，詳見方寶川，〈葉向高及其著述〉，收入葉向高《蒼霞草全集》，〈序文〉，頁 1。

[6] 　葉向高，《蒼霞草全集‧蒼霞續草》，卷之 22，〈答韓辟哉〉，頁 15。前語的「韓辟哉」，係指福建巡海道韓仲雍，至於，此時的葉，正值辭官返鄉，因關心海警而與韓仲雍有書信之往來；而且，根據推估，該信件應書寫於萬曆四十四年左右。

對其日後影響十分地深遠，尤其是在他們的心理層面上。為此，筆者欲以福建曾遭受倭害地區之民人做為研究的主要對象，企圖嘗試去探索該地包括統治者（明政府官員）及其百姓（尤其是親身遭受倭害之民眾），他們因倭禍創傷所產生的「恐倭」心理之反應現象；至於，文章敘述之內容，主要可分成以下三個部分——即「明人『恐倭』心理之源由」、「嘉靖倭亂嚴重之心靈創傷」和「閩人『恐倭』心理之呈現」。首先，有關「明人『恐倭』心理之源由」的部分，主要以「中日關係不睦」、「倭人走私劫掠」和「嘉靖倭亂經過」三個小子題，來對明人恐懼倭寇背景源由做一說明。其次是，「嘉靖倭亂嚴重之心靈創傷」的部分，筆者嘗試透過「嘉靖倭亂屠戮慘狀」和「嘉靖倭亂心理影響」兩個小節，來敘述嘉靖倭亂對福建地區百姓的傷害情形，同時，並以「先前疑倭之想法更加地強烈」和「明人『恐倭』心理繼續地茁長」兩個子題，來探討閩地官民心理受到嘉靖倭亂影響之狀況。最末是，「閩人『恐倭』心理之呈現」的部分，本文則以「官民恐懼倭亂再現」和「政府防備倭犯重演」兩個不同的單元，來敘述閩地官民以及明政府在倭亂創傷後，如何避免類似的悲劇再次地發生之反應作為。最後，需說明的是，囿於個人學養有限，文中當有不足誤謬處，尚祈學界專家賜正之。

一、明人「恐倭」心理之源由

在探討明代閩人「恐倭」心理的相關問題之前，有必要先介紹日本和倭人的名稱由來，有關此，嘉靖時人錢薇在〈與當道處倭議〉中便曾語道：「倭即日本也，古稱倭奴，……其曰日本，則自唐咸亨初，入賀平高麗，稍習華音，醜倭奴名，更以日本。蓋其國依東隅近出日取以為義也」，[7] 這是明時一般文人仕宦對其之認知，甚至於在清代，陳壽祺纂修的《福建通志》〈外紀·明〉中，還以「倭，日本番」來描述這個東鄰的島國人民。[8] 因為，本文重點主要是對福建嘉靖倭寇之亂的後遺症――亦即「恐倭」心理對亂後明代閩地官民之影響所作的分析和探討，且筆者以為，對倭人產生恐慌的「恐倭」心理係明人長久以來疑倭、厭倭和懼倭三種心態相互影響下的產物，而此一現象，在曾遭受過倭害地區的民眾（或其子孫）似乎特別地明顯！亦因明人「恐倭」心理是上述懷疑、厭惡和畏懼等三種心態有以致之的結果，故筆者有必要對明人「恐倭」心理之源由背景，先做一番的說明。

---

[7]　錢薇，〈與當道處倭議〉，收入陳子龍等輯，《皇明經世文編》（北京市：北京出版社，2000年），卷之214，承啟堂集卷之1，頁8。錢薇，字懋垣，號海石，浙江海鹽人，嘉靖十一年進士，曾任禮科給事中等職，撰有《承啟堂稿》。

[8]　陳壽祺，《福建通志》（臺北市：華文書局，1968年），卷之267，〈外紀·明〉，頁2。

（一）中日關係不睦

要談明人「恐倭」心理之源由，若追溯其最根源處，應是一開始中日兩國關係便不佳，明人對其沒有好印象，而最早問題出在倭寇騷擾沿海地區。早在太祖洪武二年（1369）時，倭寇便劫掠山東淮安，明年（1370）又南下轉掠閩、浙等地，為此，洪武帝派遣山東萊州同知趙秩赴日宣諭交涉，然而，在與日本國王良懷交涉過程中並不順利，[9] 其經過大致如下：

> 國朝洪武二年，倭寇山東淮安。明年，再入轉掠閩、浙。上〔即洪武帝〕遣趙秩語其王良懷：「爾能臣則來，毋患苦吾邊；不能，則善自為備」。良懷言：「蒙古嘗使趙良弼好語餂我，襲以兵，今使者得毋良弼後乎？其亦將襲我也」，欲刃之，秩為具言：「所以來宣國家威德耳，豈狙汝耶！」良懷氣沮，乃遣僧隨秩奉表稱臣入貢。上亦遣克勤、仲猷二僧往諭，然其為寇掠自如，瀕海郡縣迄無窮歲，乃下令造海舟防倭。[10]

---

[9] 根據學者的研究，文中日本國王良懷的說法似有問題，良懷應為懷良之誤，且其為日本南朝征西將軍府之將軍，並非是日本國王。請參見鄭樑生，《明史日本傳正補》（臺北市：文史哲出於，1981），頁 151。但因《明史》、《國榷》……等書均作日本國王良懷，故本文亦沿用傳統史書之說法，特此說明。

[10] 喻政修、林材纂，《福州府志》（北京市：中國書店，1992 年），卷之 25，〈兵戎志七・島夷（日本附）〉，頁 3-4。

從上文中可知，明方希望日方能收斂不再犯邊，而倭王良懷亦對明使之來意甚感懷疑，雙方你來我往，彼此互不友善。雖然如此，良懷亦派遣僧侶隨趙秩前來奉表稱臣入貢，而洪武帝之後亦又遣使赴日宣諭，在表面上維持外交往來的儀節，但先前倭患問題並未因此而獲解決，「然其為寇掠自如」。為此，洪武帝遂下令福建、浙江建造海舟六百六十艘，以為出海禦倭備戰之用，時間是在洪武五年（1372）八月。[11] 之後，中日間關係不僅無好轉，而且更趨地惡化，「（洪武）七年，（日本）來貢無表文，其臣氏久私貢，（明政府）竝却之。九年，表貢語謾，（洪武帝）詔詰責之。十三年，（日本）再貢，皆無表，以其征夷將軍源義滿所奉丞相書，來書倨甚，（洪武帝）命錮其使。明年，（日本）復貢，（洪武帝）命禮臣為檄，數而却之」。[12] 之後，又因先前丞相胡惟庸謀反案，日本又牽扯其中；[13] 數年後，洪武帝得悉此，甚為憤怒，「於

---

[11] 請參見中央研究院歷史語言研究所校，《明實錄》（臺北市：中央研究院歷史語言研究所，1962 年），〈明太祖實錄〉，卷75，頁4。

[12] 喻政修、林材纂，《福州府志》，卷之 25，〈兵戎志七‧島夷（日本附）〉，頁4。

[13] 有關此，史載如下：「先是，胡惟庸謀逆，欲藉日本為助。乃厚結寧波衛指揮林賢，佯奏賢罪，謫居日本，令交通其君臣。尋奏復賢職，遣使召之，密致書其王，借兵助己。賢還，其王遣僧如瑤率兵卒四百餘人，詐稱入貢，且獻巨燭，藏火藥、刀劍其中。既至，而惟庸已敗，計不行。（洪武）帝亦未知其狡謀也。越數年，其事始露，乃族賢，而怒日本特甚，決意絕之，專以防海為務」。見臺灣銀行經濟研究室編，《明史選輯》（南投市：臺灣省文獻委員會，1997 年），〈日本〉，頁 157-158。

是名日本曰『倭』，下詔切責其君臣，暴其過惡天下，著祖訓絕之」，[14] 此舉更讓中日之關係雪上加霜！不僅如此，亦讓洪武帝用外交方式解決倭患問題失去耐心和信心，轉而專意海防措置用以對抗倭人之入犯，史載，「（胡）惟庸敗事發，上 [指洪武帝] 乃著祖訓，示後世毋與倭通，而令信國公湯和、江夏侯周德興分行海上，視要害地築城，設衛、所，摘民為兵戍之，防禦甚周，倭不得間小小入，與我軍相勝敗」，[15] 即是指此。其中，值得注意的是，洪武帝在上述《皇明祖訓》〈祖訓首章〉「四方諸夷」中，明白地指出：

> 日本國【雖朝實詐，暗通奸臣胡惟庸，謀為不軌，故絕之。】[16]

鄭重地告誡日後繼位的子孫們，要與日本斷絕通貢往來之關係，吾人由上文的「雖朝實詐」、「謀為不軌」等字句中，可以看出洪武帝本人是不喜歡和不信任日本倭人的，而且，此

14　何喬遠，《名山藏》（北京市：北京出版社，1998 年），〈王享記〉，頁 20。

15　喻政修、林材纂，《福州府志》，卷之 25，〈兵戍志七・島夷（日本附）〉，頁 4。

16　朱元璋，《皇明祖訓》（臺南縣：莊嚴文化公司，1996 年），〈祖訓首章〉，頁 6。上述引文中括號“【】”內文字係原書之按語，下文若再出現，意同，特此說明。另外，附帶一提的是，根據《皇明祖訓》書後說明，該書於洪武二年時由洪武帝命中書編次其甲十有三，一〈祖訓首章〉一〈持守〉一〈嚴祭祀〉……至洪武六年五月告成。然而，丞相胡惟庸謀反案發卻在洪武十三年時，兩者相差七年，為何該書會有上述日本「雖朝實詐，暗通奸臣胡惟庸，謀為不軌，故絕之」之說法？此段按語，疑係胡案事發後所補入！

一態度和主張，對往後明政府處理對日問題上影響頗為深遠。

　　之後，繼任的永樂帝雖改弦易轍，對日採取「賜予勘合百道，期以十年一貢」的政策，[17] 且從成祖永樂元（1403）至六（1408）年讓其多次來華入貢，[18] 使中日間關係稍有所改善，但不久後倭犯沿海又漸頻繁，導致雙方關係轉壞，[19] 直至仁、宣以後才因倭患偃息而再獲改善，宣宗宣德十年（1435）日本入貢即是明證。然而，英宗正統（1436-1449）以後倭患再起，明政府遂加強備倭工作的進行，[20] 中日關係又再度惡化，但時間並不長。之後，經景帝景泰（1450-1456）到英宗天順（1457-1464）以後，又因倭患問題的改善，中日彼此關係亦再度地變好，由此時至嘉靖中期倭寇之亂爆發以

---

[17] 　請參見張燮，《東西洋考》（北京市：中華書局，2000 年），卷 6，〈外紀考·日本〉，頁 112。

[18] 　根據史載，從永樂元至六年間，日本除在三年時貢馬並獻俘獲倭寇為邊患者外，其餘的五年皆每年入貢，請參見臺灣銀行經濟研究室編，《明史選輯》，〈本紀（一）〉，頁 4-5。

[19] 　例如永樂六年十二月時，明將柳升、陳瑄、李彬等人率舟師分道沿海捕倭，次年三月柳升敗倭於青州海中。八年冬十月，倭寇福州。九年二月，倭陷昌化千戶所。十四年六月，都督同知蔡福等備倭山東。十五年六月，明軍敗倭寇於金鄉衛。十六年正月，倭陷松門衛。十七年六月，劉江殲倭寇於遼東望海堝。十九年二月，都督僉事胡原帥師巡海捕倭。請參見臺灣銀行經濟研究室編，《明史選輯》，〈本紀（一）〉，頁 5-7。

[20] 　有關此，正統四年八月明政府增設沿海備倭官，七年五月倭陷大嵩所，次月戶部侍郎焦宏奉命南下備倭浙江；十三年十一月，永康侯徐安備倭山東。請參見臺灣銀行經濟研究室編，《明史選輯》，〈本紀（一）〉，頁 9-10。

前的近百年時間裏，日本便曾有多達十餘次入貢中國之紀錄。[21]

　　由上可知，沿海倭患問題是中日關係能否改善的重要關鍵，亦因此一由來已久、困擾明政府的棘手問題，讓明人厭倭和疑倭的想法難以去除掉。換言之，倭患問題是中日關係不睦的主要原因，亦是中日外交關係的主要問題核心。

（二）倭人走私劫掠

　　前節提及自天順以後以迄嘉靖倭亂前，中日的關係因倭患優息而改善不少。然而，吾人若去探究明代沿海倭患之問題，即可發現，明政府的海禁政策和朝貢貿易在其中扮演推波助瀾之作用，並滋生中日間走私貿易之嚴重缺失。因為，明政府實施海禁政策，國人不許私自前往海外活動，且外人欲與中國進行買賣交易，必須以朝貢貿易的方式進行之，亦即先以藩屬之身分向明帝國朝貢後才可為之，而且，時間、地點和來使人數皆有嚴格之限制，有關此，史載如下：

21　根據史載，從景泰元年至嘉靖三十年為止，日本入貢中國的時間，筆者目前所知道的，有景泰四年、憲宗成化四年、成化十三年、成化二十年、孝宗弘治九年、武宗正德五年、正德七年、嘉靖十八年、嘉靖十九年、嘉靖二十三年（該年，明政府以日方無表卻之。）、嘉靖二十七和二十八年，扣除嘉靖二十三年不算，總共高達十一次之多。請參見臺灣銀行經濟研究室編，《明史選輯》，〈本紀（一）〉，頁 11-16。

> 明初，……海外諸國入貢，許附載方物與中國貿易；
> 因設市舶司，置提舉官以領之：所以通夷情、抑姦商，
> 俾法禁有所施，因以消其釁隙也。洪武初，設於太倉
> 黃渡；尋罷。復設於寧波、泉州、廣州：寧波通日本，
> 泉州通琉球，廣州通占城、暹羅、西洋諸國。琉球、
> 占城諸國皆恭順，任其時至入貢；惟日本叛服不常，
> 故獨限其期為十年、人數為二百、舟為二艘，以金葉
> 勘合表文為驗，以防詐偽侵軼。[22]

由上知，因為日本叛服無常，明政府給其通貢往來訂下「期
為十年、人數為二百、舟為二艘，以金葉勘合表文為驗」之
嚴厲標準，導致其從中僅獲相當有限之貨物。然而，倭人對
貨物需求的數額卻龐大且十分地殷切，於是，中日間的走私
貿易因焉而生，此問題在明初洪武（1368-1398）年間即已存
在，並引起明政府的注意和查禁。以本文研究主題的福建而
言，例如洪武二十七年時明政府便「命嚴禁私下諸番互市」。
[23] 但因明政府在洪武二十年（1387）曾派遣江夏侯周德興，
南下福建擘造海防措施（包括按籍抽兵、增置衛所、設立水
寨、練兵築城和添設巡檢司……等），並在沿海島嶼推動「墟
地徙民」之措施，這些的舉措，不僅對備禦倭患發揮相當大
的功效，同時，亦對遏制不法走私亦提供不小的助益，故此

22　臺灣銀行經濟研究室編，《明史選輯》，〈志・市舶〉，頁81。
23　陳壽祺，《福建通志》，卷之270，〈洋市・明〉，頁6。

時走私的問題並不嚴重！

　　然而，經過五十年的物換星移，明政府東南海防體系，隨著內部人員的鬆懈腐化以及部分官軍的減俸問題，[24] 逐步地走向衰敗之途，人心怠玩、軍備廢弛……等缺失現象在正統年間便尋常可見，[25] 加上，此際明政府又嚴行海禁政策，[26] 貨物走私難度提高，導致倭寇來華劫掠問題再起，而且，部

---

[24] 例如景泰年間，浙江巡撫孫原貞便指出：「緣比先沿海各衛、所原設戰船，各有水寨併艘、官軍常川在船哨備，私擅回營者少。正統二年，革散水寨，將船掣回，各衛、所港汊守備官軍回城近便，故多棄船戀家。船隻不修，器械不整，聞知巡海三司官來點閱，隨即赴船來點，其遠去者雇人應名點視。巡海官去，仍復前弊，是以船隻內有朽爛遭風等項數多。……」（見孫原貞，〈邊務〉，收入陳子龍等輯，《皇明經世文編》，卷之 24，孫司馬奏議卷之 1，頁 9-10。）另外，約於正統二年在浙江推動水師「革散水寨，將船掣回」的同時，鄰省的福建亦對沿海官軍實施減支俸糧的措施，而且，此舉後來更變成了慣例，至成化時年間已實施了三十餘年，減俸一事對官軍之士氣多少定有所影響。請參見何喬遠，《閩書》（福州市：福建人民出版社，1994 年），卷之 45，〈文蒞志〉，頁 1120。

[25] 例如正統十年時，巡按直隸監察御史李奎便曾指出：「沿海諸衛、所官旗，多剋減軍糧入己，以致軍士艱難，或相聚為盜，或興販私鹽」。見中央研究院歷史語言研究所校，《明實錄》，〈明英宗實錄〉，卷 126，頁 3。

[26] 有關此，以浙江為例，正統七年戶部侍郎焦宏南下備倭，屬行海禁措置，嚴密貨道不通。請參見唐樞，〈復胡梅林論處王直〉，收入臺灣銀行經濟研究室，《明經世文編選錄》（臺北市：臺灣銀行，1971 年），頁 52。此外，鄰省的福建亦是如此，史載：「正統十四年，命 [指明政府] 申瀕海居民私通外國之禁【福建巡海（道）僉事董應軫言，舊例，瀕海居民貿易番物、洩漏事情及引海賊劫掠邊地者正犯極刑、家人戍邊，知情故縱者罪同。比年，民往往嗜利忘禁，復命申明禁之。】」。見陳壽祺，《福建通志》，卷之 270，〈洋市・明〉，頁 6。

分地區受害頗為嚴重，正統四年(1439)浙江沿海一帶即是好
例。當時，曾有倭船四十餘艘趁夜色入寇寧波的大嵩千戶所，
再轉而攻破昌國衛堡城，[27] 之後，又南犯台州的桃渚，所到之
處燒殺擄掠，甚為殘暴。有關此，明人錢薇嘗引當時人楊守陳
的〈與張主客書〉，[28] 說明其悲慘情狀：

> 正統中倭奴入桃渚，犯大嵩，劫倉庫，焚室廬，驅掠
> 蒸庶，積骸如陵，流血成谷。嬰兒縛之竿柱，沃以沸
> 湯，視其啼號為笑樂；捕得孕婦，與其儕忖度男女，
> 剔視之以中否為勝負，負者飲酒，荒淫穢惡，至不可
> 言。民之少壯與粟帛，席卷歸巢，城野蕭條，過者隕
> 涕。[29]

尤其是，上文的「嬰兒縛之竿柱，沃以沸湯，視其啼號為笑
樂；捕得孕婦，與其儕忖度男女，剔視之以中否為勝負」，
今日讀來亦感到毛骨悚然，同時，並可想像當年地方青壯為
何不敢反抗，順從地交出糧食、布帛給倭寇的原因。

　　明政府亦因正統時倭患再起，遂大力增強沿海禦倭之相
關措置，例如正統五年（1440）要求浙江大造備倭海船一百

---

27 請參見董應舉，《崇相集選錄》，附錄一，〈日本〉，頁 101。
28 楊守陳，浙江鄞縣人，景泰二年進士，曾任翰林院編修、南京吏部右侍郎，
　　卒諡「文懿」，贈禮部尚書，今有《楊文懿公文集》傳世。
29 錢薇，〈與當道處倭議〉，收入陳子龍等輯，《皇明經世文編》，卷之 214，承
　　啟堂集卷之 1，頁 11-12。

三十二艘，七年（1442）命令浙江定海等衛海船出海巡哨。
甚至於，之後又如景泰三年（1452）福建守臣薛希璉將境內
備倭兵船，佈署在烽火門、小埕、南日、浯嶼和銅山等五座
水寨（即水師兵船基地）處，再由此出海哨巡搜捕敵寇……
皆屬之。[30] 天順以後，隨著明政府先前軍事的加強，以及海
禁變得較為鬆緩之後，先前倭患問題亦隨之改善，[31] 但是，
相對地走私的問題卻變得較前來得嚴重！有關此，明人唐樞
便曾指道：[32]

> 本朝自天順以後，海上無事，內外人□無犯者。……
> 蓋本朝海防，經始於洪武二十一年信國公湯和，繼葺
> 於永樂間都指揮谷祥、張翥；正統間，又特命侍郎焦
> 宏復為整理，嚴密貨道不通。天順以後，市舶權重，
> 市者私行；雖公法蕩然，而海上晏然百年：此乃通商
> 明驗。[33]

30　以上的內容，請參見清高宗敕撰，《續文獻通考》（臺北，新興書局，1963），
　　卷 132，〈兵十二・兵考・舟師水戰〉，頁 3970。

31　有關此，嘉靖時人唐樞在寫給總督胡宗憲的信中，便曾言道：「正統間，又
　　特命侍郎焦宏復為整理，嚴密貨道不通。天順以後，市舶權重，市者私行；
　　雖公法蕩然，而海上晏然百年：此乃通商明驗」。見唐樞，〈復胡梅林論處王
　　直〉，收入臺灣銀行經濟研究室，《明經世文編選錄》，頁 52。

32　唐樞，字惟中，浙江歸安人，嘉靖五年進士，曾任刑部主事一職。

33　唐樞，〈復胡梅林論處王直〉，收入臺灣銀行經濟研究室，《明經世文編選錄》，
　　頁 52。上文中的□，係原書空缺一字。

上文所稱的「市者私行，公法蕩然」，係指海上弛禁導致走私盛行，相對地，倭患問題亦變少，遂有天順以迄嘉靖倭亂前「海上晏然百年」之好處，沿岸百姓蒙受其利。雖然，從表面上來看，中日間走私貿易似有助於倭患問題的改善，但是，它卻為日後帶來愈嚴重且更加可怕的問題！因為，隨著明帝國逐漸地老大後，雖然在正統、景泰時因倭患再起，曾經增強沿海的防務措置，然而，軍伍內部怠玩、腐化風氣等問題卻未加以徹底整頓，尤其是，接下來的百年，邊防更因海疆的寧謐而愈加地鬆懈下去，造成先前走私的問題卻亦愈來愈嚴重，到最後竟演變至無法收拾的地步！

　　嘉靖二年（1523）寧波事件發生，日本地方不同藩主所遣之貢使，彼此間因所受待遇偏頗而相互仇殺，其中一方還縱火大掠寧波，擄殺明軍將領，之後，並奪舟逃離出海。[34] 此事影響頗為深遠，除讓浙江地方大為驚駭外，而且，「倭（人）自是有輕（視）中國（之）心」；[35] 不僅如此，寧波事件爆發後，明政府高度重視此事，給事中夏言便指：「禍起于市

---

[34] 有關此，史載大略如下：「嘉靖二年（日本）再奉使至，是時國王源義植屏，諸島爭貢以邀利，大內義興遣宗設謙道先（宋）素卿至，俱留寧波，故事夷使以先後序為序。市舶（司）中官（貴人）賴恩墨素卿財，先素卿，宗設大忿，相鬨殺，戕（衛所）指揮劉錦、袁璉，大掠寧波，奪舟去」。見喻政修、林材纂，《福州府志》，卷之 25，〈兵戎志七・島夷（日本附）〉，頁 5-6。

[35] 谷應泰，《明史紀事本末》（臺北市：三民書局，1956 年），卷 56，〈沿海倭亂〉，頁 588。

舶」，[36] 奏請罷市舶司，明政府從之，並於同年（1523）開始實施。[37]「因（夏）言奏，（市舶司）悉罷之。市舶罷，而利權在下，奸豪外交內訌。海上無寧日矣」，[38] 亦即中日間貨貿正式管道中斷後，加上，明政府之後又開始嚴格執行海禁，[39] 因為貨物愈禁價愈高的關係，不僅讓先前走私愈加地猖獗，連帶地讓倭患的問題變得嚴重起來！

（三）嘉靖倭亂經過

至於，上述的走私猖獗問題，其中值得注意的是，私販除自身出海進行不法販貿外，部分的人還勾引倭人及葡萄牙人前來中國沿海進行走私貿易，加上，走私利潤又豐厚，導致部分地方勢家大族亦參與其中，他們和私販間常為買賣而發生糾紛，私販忿恨不滿，便挾倭人以報復之。以嘉靖二十六年（1547）時為例，「初，明祖定制：『片板不許入海。』

36　黃俣卿，《倭患考原》（北京市：書目文獻出版社，1993 年），〈上〉篇，頁359。

37　請參見陳壽祺，《福建通志》，卷之 270，〈洋市‧明〉，頁 7。

38　谷應泰，《明史紀事本末》，卷 56，〈沿海倭亂〉，頁 588。文中的「訌」，意指刺探消息。

39　有關此，嘉靖時人唐樞便回憶道：「嘉靖六、七年，後守奉公嚴禁，商道不通；商人失其生理，於是轉而為寇。嘉靖二十年後，海禁愈嚴，賊夥愈盛；許棟[即許二]、李光頭輩，然後聲勢蔓衍，禍與歲積。今日之事，造端命意，實係於此。夫商之事順而易舉，寇之事逆而難為；惟其順易之路不容，故逆難之圖乃作」。見唐樞，〈復胡梅林論處王直〉，收入臺灣銀行經濟研究室，《明經世文編選錄》，頁 48。

承平久，奸民闌出入。勾倭人及佛郎機諸國入互市。閩人李
光頭、歙人許棟〔即許二〕踞寧波之雙嶼為之主，司其質契，
（地方）勢家護持之漳（州）、泉（州）為多，或與通婚姻。
假濟渡為名，造雙桅大船，運載違禁物，將、吏不敢詰也。
（勢家）或負其直，棟等即誘之攻剽。負直者脅將、吏捕逐
之。泄師期令去，期他日償。他日至，負如初。倭大怨恨，
益與棟等合。而浙、閩海防久隳，戰船、哨船十存一二，漳
（州）、泉（州）巡檢司弓兵舊額二千五百餘，僅存千人。
倭剽掠輒得志，益無所忌，來者接踵。……」。[40]因為，倭人
勢力被私販間的恩怨報復所引入，不僅讓走私的問題愈加地
複雜化，加上，此際明軍兵備廢弛，無力消弭亂事，導致走
私的問題愈演愈烈！尤其是，此一問題，在主張嚴海禁的浙
閩副都御史朱紈，[41] 在嘉靖二十八年（1549）遭勢家搆陷仰
藥自殺後，「（明政府）罷巡視大臣不設，中外搖手不敢言海
禁事」，[42] 整個情勢而便完全地失控，演成荼毒東南沿海十

40　臺灣銀行經濟研究室編，《明史選輯》，〈列傳（二）・朱紈〉，頁 101。

41　朱紈，字子純，長洲人，正德十六年進士，嘉靖二十五年任右副都御史巡撫
　　南贛，次年七月，改調提督浙、閩海防軍務，巡撫浙江兼福建海道。紈至，
　　嚴禁泛海通番，勾連主藏之徒，凡雙檣餘艎一切毀之。二十八年三月，葡萄
　　牙人行劫至漳州詔安，紈擊擒私販李光頭等九十六人，復以便宜戮之。紈具
　　狀聞，語復侵諸勢家，御史陳九德遂劾其擅殺，落紈職，明政府命兵科都給
　　事杜汝禎按問。紈聞之，竟憂恐，仰藥自殺。

42　臺灣銀行經濟研究室編，《明史選輯》，〈列傳（二）・朱紈〉，頁 103。有關
　　此，例如「（嘉靖）三十年夏四月，浙江巡按御史董威、宿應參前後請寬海
　　禁。下兵部尚書趙錦覆議。從之。自是舶主土豪益自喜。為奸日甚。官司莫

餘年的大災難。

首先是，嘉靖三十一年（1552）浙江私販王直（一作汪直）勾結倭寇起來作亂，閩賊許朝堅、洪迪珍亦誘合倭人往來海上，遂登岸破台州黃巖，襲犯寧波定海，豕突劫掠，閩、浙沿海大為騷動，[43] 為接下來大規模的動亂拉開了序幕，至於其詳細之經過，礙於文章篇幅限制，筆者僅說明本文主題福建地區倭亂的要略情形，其餘的省份則不再贅述之，祈請讀者包涵之。同年（1552）十一月，倭犯福寧州，福州古田千戶吳清戰死。[44] 隔年即三十二年（1553）四月，倭攻福寧州山𡶑嶼所，破之，大掠而去；[45] 十月，倭舟兩度登岸流劫興化南日，殺將弁，軍民圍而殲之。[46] 三十三年（1554）六月，福建官兵捕得漳州通倭賊蘇老等三十餘人，誅之。[47] 三十四年（1555）十一月，倭犯泉州。[48] 同月，倭二百餘人犯興化平海、鎮東等衛，千戶戴洪、高懷德、張鑾俱戰死；[49] 另外，

敢禁」。見谷應泰，《明史紀事本末》，卷56，〈沿海倭亂〉，頁590。

43　請參見黃偎卿，《倭患考原》，〈上〉篇，頁360；谷應泰，《明史紀事本末》，卷56，〈沿海倭亂〉，頁590-591。

44　請參見陳壽祺，《福建通志》，卷之267，〈外紀・明〉，頁15。

45　請參見臺灣銀行經濟研究室編，《明實錄閩海關係史料》（南投市：臺灣省文獻委員會，1997年），嘉靖三十二年四月甲辰條，頁19。

46　請參見同前註，嘉靖三十二年十月壬寅條，頁19。

47　請參見同前註，嘉靖三十三年六月庚辰條，頁21。

48　請參見陳壽祺，《福建通志》，卷之267，〈外紀・明〉，頁16。

49　請參見臺灣銀行經濟研究室編，《明實錄閩海關係史料》，嘉靖三十四年十一月乙未條，頁24。

倭又犯興化涵頭舖等處，平海衛正千戶丘珍、副千戶楊一茂
與戰皆死之；已而，又寇福州福清海口，殺數百人，大掠而
去，泉州衛指揮僉事童乾震率兵攻之，亦被害。[50] 三十五年
（1556）正月，福建倭寇流入浙江界，與錢倉寇合，後盡被
殲之；[51] 三月，倭二百餘寇福寧州城，官軍千數不能攖且有
死傷，倭又續來數百人，直抵北城下，之後，北路參將尹鳳
率兵來援，倭見有備而去；[52] 十月，倭自漳州漳浦寇詔安；
[53] 十二月，倭犯福寧州，知州鍾一元拒戰，死之。三十六年
（1557）正月，因閩地倭患嚴重，明政府「以浙江都御史阮
鶚提督軍務，巡撫福建地方，閩有軍門自阮始」；[54] 三月，
倭犯福寧州；[55] 四月，倭圍福州省城，「倭自（福寧）寧德
航海逼（福州）省城，四郊被焚，火照城中，死者枕藉，南
臺及洪塘民居悉為灰燼。先是用侍郎趙文華言，特設福建巡
撫，令浙江巡撫阮鶚移置福建，時倭已在福寧，鶚閒道白鶴
嶺入（福州）長樂，乘夜抵省（城），比倭至，賄以羅綺、

50　請參見臺灣銀行經濟研究室編，《明實錄閩海關係史料》，嘉靖三十四年十一
　　月庚申條，頁 24；黃俁卿，《倭患考原》，〈上〉篇，頁 361。有關泉州衛指
　　揮童乾震抗倭犧牲的時間，另一說法是在嘉靖三十五年正月，見陳壽祺，《福
　　建通志》，卷之 267，〈外紀‧明〉，頁 16。

51　請參見臺灣銀行經濟研究室編，《明實錄閩海關係史料》，嘉靖三十五年正月
　　癸亥條，頁 25。

52　請參見陳壽祺，《福建通志》，卷之 267，〈外紀‧明〉，頁 16。

53　請參見同前註。

54　黃俁卿，《倭患考原》，〈上〉篇，頁 362。

55　請參見陳壽祺，《福建通志》，卷之 267，〈外紀‧明〉，頁 16。

金花及銀數萬，又遣巨艦，俾載以走，不能措一籌」；[56] 六月，海寇許老、謝策等人犯漳州月港；[57] 十一月，倭泊泉州浯嶼，分掠同安、南安、惠安諸縣。[58]

嘉靖三十七年（1558）三月，閩撫阮鶚因搜括民幣賄倭，解圍福州城，遭言官所劾，嘉靖帝詔令逮繫來京審問。[59] 四月，倭犯福州府城，轉攻福清縣城，陷之，執知縣葉宗文，劫庫房、獄囚，殺虜男婦千餘人，縱火焚官民廨舍；[60] 同月，倭千餘攻泉州惠安，知縣林咸率壯丁乘城禦之，倭攻五晝夜不克，丁壯死者數百，倭亦頗有損失，乃引去。[61] 五月，倭入泉州南安，縱火焚譙樓及官民廨舍；[62] 同月，惠安知縣林咸率兵攻倭於縣境之鴨山，乘勝追奔，陷賊伏中，死之；[63] 同月，福建倭船結隊自海口出港，參將尹鳳督軍引舟師擊之，大破之，「福（州）、興（化）倭患，由是少熄」；[64] 同月，

---

[56] 同前註。

[57] 請參見同前註。

[58] 請參見同前註。

[59] 請參見同前註，頁 17。同年六月，閩撫阮鶚經逮京審後，罪刑定讞，嘉靖帝詔令罷黜為民。請參見臺灣銀行經濟研究室編，《明實錄閩海關係史料》，嘉靖三十七年六月乙酉條，頁 33。

[60] 請參見陳壽祺，《福建通志》，卷之 267，〈外紀・明〉，頁 17；臺灣銀行經濟研究室編，《明實錄閩海關係史料》，嘉靖三十七年四月丙申條，頁 32。

[61] 請參見臺灣銀行經濟研究室編，《明實錄閩海關係史料》，嘉靖三十七年四月癸卯條，頁 32。

[62] 請參見同前註，嘉靖三十七年五月戊申朔條，頁 32。

[63] 請參見同前註，嘉靖三十七年五月甲寅條，頁 32。

[64] 同前註，嘉靖三十七年五月甲戌條，頁 32。

倭犯漳州詔安、漳浦二縣，十月又再犯之。[65] 十一月，浙江柯梅倭駕舟出海，明軍自沈家門引舟師橫擊之，各賊舟趁洋南去，導致福州、興化、潮州等地紛以倭患而告警。[66] 三十八年（1559）正月，倭犯漳州月港。[67] 二月，倭犯詔安，遂犯漳浦雲霄鎮。[68]三月，倭攻福寧州城，州署事武平知縣徐甫宰率軍禦卻之。[69] 同月，倭犯泉州府，轉攻同安，地方官民固守，「時（泉州）郡城分兵堵禦凡四閱月，諸倭乃移眾（漳州）南澳，築室居焉」。[70] 四月，福建新倭大至，先攻福寧州城，經旬不克，乃移攻福寧福安，破之；沿海諸地如福州長樂、福清……等皆有倭舟；不僅如此，此時廣東流倭往來漳州詔安、漳浦之間，而且，去年（1558）舟山倭移南來者，尚屯浯嶼；加之，新寇遍及福州、興化、漳州、泉州諸處，福建沿海可謂是「無地非倭」，[71] 情況十分地危急。同月，倭破福安縣城，倭約萬餘名乘高俯攻，銃矢雨下，城陷，知縣李尚德遁走，死者三千七百餘人；[72] 該月，倭亦犯

---

[65] 請參見陳壽祺，《福建通志》，卷之 267，〈外紀‧明〉，頁 17。

[66] 請參見臺灣銀行經濟研究室編，《明實錄閩海關係史料》，嘉靖三十七年十一月丙戌條，頁 35-36。

[67] 請參見陳壽祺，《福建通志》，卷之 267，〈外紀‧明〉，頁 18。

[68] 請參見同前註。

[69] 請參見同前註。

[70] 同前註。

[71] 臺灣銀行經濟研究室編，《明實錄閩海關係史料》，嘉靖三十八年四月丙午條，頁 36。

[72] 請參見陳壽祺，《福建通志》，卷之 267，〈外紀‧明〉，頁 18。

福州省城，城門晝閉，倭遂掠近郊。其他尚有倭犯漳州長泰，
知縣蕭廷宣率眾禦卻之，以及參將黎鵬舉追倭至福寧三沙，
大破之。[73] 五月，先前遁至浯嶼之舟山倭，勾結劇賊洪澤珍
等棲泊海山，水陸分擾各地，閩撫王詢率兵擊敗之。[74] 同月，
倭圍福州府城且一月，至是，始解。其他的，尚有福建倭攻
福州永福縣城，破之；先前遁至浯嶼之舟山倭始開洋去；先
前，犯永福之倭駕舟出洋，參將尹鳳等率舟師擊之；福建出
洋各倭復回舟泊同安澳頭。[75] 六月，福建倭自福州梅花開船
遁走，參將尹鳳命水兵追擊，敗之，擒斬逾百餘級；[76] 同月，
倭犯興化莆田。[77] 八月，倭攻福寧柏洋堡，不克。[78] 九月，
倭犯漳州平和，知縣王之澤率兵禦卻之。[79] 十一月，倭犯建
寧壽寧。[80]

　　嘉靖三十九年（1560）正月，倭犯泉州南安。[81] 三月，
倭犯福州府城，「（福建）巡撫劉燾下令大開城門，不禁往來，

---

[73] 以上的內容，請參見同前註。

[74] 請參見臺灣銀行經濟研究室編，《明實錄閩海關係史料》，嘉靖三十八年五月
壬申朔條，頁37。

[75] 以上的內容，請參見同前註，嘉靖三十八年五月戊寅、壬午、癸未、丙申和
己亥條，頁38。

[76] 請參見同前註，嘉靖三十八年六月丁巳條，頁38。

[77] 請參見陳壽祺，《福建通志》，卷之267，〈外紀・明〉，頁19。

[78] 請參見同前註。

[79] 請參見同前註。

[80] 請參見同前註。

[81] 請參見同前註。

親率兵追賊至閩安鎮。熹，精騎射，家畜健兒數十輩，俱習
戰，賊憚其威名，遁去」。[82] 同月，倭犯長泰。[83] 同月，倭
犯泉州浯洲（今日金門），「舟從料羅登岸劫掠。二十六日，
肆掠於西倉、西洪、林兜、湖前諸鄉社，男婦死者數百人。
二十八日，劫掠平林諸社，十八都之人民廬舍，所存無幾
矣」；[84] 次月，又與新至之倭、盜合流，縱橫劫掠，並圍攻
官澳堡城，城陷，「賊縱火屠城，積尸與城埒，城外亦縱橫
二里許，婦女相攜投於海者無數。賊四散飽掠，自太武山西
北，靡有或遺」。[85] 四月，倭犯福安，知縣盧仲佃攜三子乘
城固守，倭尋宵遁；[86] 同月，倭陷泉州崇武千戶所城；[87]同
月，倭再犯南安。[88] 五月，倭犯同安，知縣譚維鼎率兵擊敗
之。[89] 嘉靖四十年（1561）正月，倭犯泉州晉江，分巡興泉
道萬民英募兵與賊戰，官兵死者五百餘人。[90] 四月，倭犯南
安縣城，「時南安新築城，倭自晉江嶺趨城下，官兵多方備

---

[82] 同前註，頁 19-20。

[83] 請參見同前註，頁 20。

[84] 洪受，《滄海紀遺》（金門縣：金門縣文獻委員會，1970 年），〈災變之紀第
八〉，頁 57-58。

[85] 林焜熿，《金門志》（南投市：臺灣省文獻委員會，1993 年），卷 16，〈舊事
志・紀兵〉，頁 400。

[86] 請參見陳壽祺，《福建通志》，卷之 267，〈外紀・明〉，頁 20。

[87] 請參見同前註陳壽祺，《福建通志》，卷之 267，〈外紀・明〉，頁 20。

[88] 請參見同前註。

[89] 請參見同前註。

[90] 請參見同前註，頁 21。

禦，倭不能克，……。七月，賊始出（興化）仙遊，大路截劫應試諸生勒贖」。[91] 六月，倭犯泉州安溪，倭合土賊擄掠人口數百而去；[92] 同月，倭寇再犯同安，譚維鼎率軍禦卻之。[93] 十月，倭犯福寧寧德，城陷，知縣李堯卿等死之，並縱火大焚，百姓被殺掠甚眾；逾月，倭再入城中，焚燒餘屋，擄殺民人。[94] 十二月，倭寇又犯同安，譚維鼎率軍擊敗之。[95] 該年（1561），倭從夏至冬便已三寇興化府，加上，該地官軍彼此不合相仇殺，問題雪上加霜，「時倭屠戮村鎮幾盡，獨蘆浦一村，民自團練扞禦，賊併力合圍，去（興化）郡城僅五里，告急城下，（參將侯）熙上北城樓立視；其敗，賊遂屠蘆浦，溝水為之赤」。[96] 嘉靖四十一年（1562）二月，倭犯漳浦，「倭與饒賊張璉合寇漳浦，知縣龍雨築敵樓固守，賊發城外（墳）塚、掘（骨）骸勒贖，焚掠無算」。[97] 同月，倭夜襲永寧衛城，城陷，泉州府城大為震撼！[98] 同月，倭犯泉州永春，官民抗卻之。[99] 三月，倭二度攻陷永寧衛城。七

91　同前註，頁 22。
92　請參見同前註，頁 23。
93　請參見同前註。
94　請參見同前註。
95　請參見同前註，頁 24。
96　同前註。
97　同前註。
98　請參見同前註；臺灣銀行經濟研究室編，《明實錄閩海關係史料》，嘉靖四十一年二月壬戌條，頁 45。
99　請參見陳壽祺，《福建通志》，卷之 267，〈外紀·明〉，頁 24。

月，倭犯福寧，復圍福清縣城，「是時倭疊屯二巢。自（浙江）溫州來者，合福寧（州）、連江諸倭，據寧德縣（城）、橫嶼，結營海中。自廣東南澳來者，據福清峯頭，連營數澳。（閩地）北自福寧，南及漳、泉，沿海千里盡為賊窟」。[100] 為此，閩撫游震得上疏告急，嘉靖帝令南直浙福總督胡宗憲援閩，胡遂遣浙江台金嚴參將戚繼光率兵入福建勦倭，「繼光兵入閩境，號令嚴明，秋毫無擾，民大悅，家具簞食餉兵，不絕於道」。[101] 八月，戚繼光大破倭於福寧橫嶼。九月，戚繼光軍至福清，破倭牛田諸巢，南追至莆田林墩，盡殲之。[102] 十月，福建新倭大至，突犯福清、福寧等處，自興化班師回浙的戚繼光，途經福清並破倭於此。[103] 同月，倭犯詔安，知縣龔有成禦卻之。[104] 十一月，倭聞戚回浙，遂乘機登岸入延平，連陷壽寧、政和二縣城，並屠殺其民。[105] 同月，倭亦攻陷興化府城，府攝政延平同知奚世亮等遇害，分守福寧道翁時器和參將畢高越城逃遁，賊肆行屠戮，全城為之一空！[106] 十二月，倭圍松溪縣城，次年（1563）正月義民陳春等以

100　同前註，頁 25。

101　同前註。

102　請參見同前註，頁 26。

103　請參見臺灣銀行經濟研究室編，《明實錄閩海關係史料》，嘉靖四十一年十月丙辰條，頁 47；陳壽祺，《福建通志》，卷之 267，〈外紀‧明〉，頁 26。

104　請參見陳壽祺，《福建通志》，卷之 267，〈外紀‧明〉，頁 27。

105　請參見同前註。

106　請參見同前註。

鄉兵擊倭，大破之。[107]

　　嘉靖四十二年（1563）正月，倭攻陷平海衛城。[108] 因興化府城淪陷，福建巡按李邦珍上疏告急，嘉靖帝命俞大猷為福建總兵，戚繼光為副總兵勦倭。時，流屯興化之倭以城中腥穢不堪，且聞戚即將南來，遂棄府城而去，都指揮歐陽深與之搏戰於崎頭，深中伏死，倭乘勝，遂陷平海衛城，並招北路諸倭同據城以居。[109] 二月，倭四度攻陷寧德，「福寧倭寇自政和等縣襲攻寧德，破之；趨（福州）羅源入海，轉薄連江登岸。時，寧德已四陷矣」。[110] 三月，福建副總兵戚繼光督率浙江義烏兵抵閩境。四月，福建新倭自長樂登岸，流劫福清等處，總兵劉顯、俞大猷合兵邀擊，殲滅之。平海倭引舟出海，把總許朝光以輕舟抄擊之，賊乃盡焚其舟，還屯平海。[111] 同月，福建巡撫譚綸督率戚繼光、劉顯和俞大猷夾攻原犯興化倭賊於平海衛，大破之，並斬首二千二百餘級、

---

[107]　請參見同前註，頁 27-28。

[108]　因為，倭連陷興化府、平海衛二城，明政府大為震驚，遂「命提督兩廣都御史張臬總督廣、閩軍務，調度兵馬，分部擊之。罷（福建）巡撫都御史游震得回籍聽勘，令總兵官劉顯戴罪勦賊，逮參政翁時器、參將畢高至京問罪」。見臺灣銀行經濟研究室編，《明實錄閩海關係史料》，嘉靖四十二年二月丁丑條，頁 49-50。

[109]　請參見陳壽祺，《福建通志》，卷之 267，〈外紀·明〉，頁 28；臺灣銀行經濟研究室編，《明實錄閩海關係史料》，嘉靖四十二年二月乙亥條，頁 49。

[110]　臺灣銀行經濟研究室編，《明實錄閩海關係史料》，嘉靖四十二年二月戊寅條，頁 50。

[111]　請參見同前註，嘉靖四十二年四月庚申條，頁 50。

火焚刃傷及墮崖溺水死者無算，救回被倭所掠男女三千餘人，克復興化府城和平海衛城。[112] 五月，戚繼光率兵克復壽寧、政和二縣。[113] 九月，海寇王直餘黨洪迪珍降，伏誅。[114] 十月，先前倭人自平海回國者所掠寶貨充溢，諸倭見之心動，遂鳩黨二萬七千人大舉入寇福建，副總兵戚繼光遣兵分路勦之，「把總朱機三破倭於烽火門、又破倭於舊水澳，把總傅應嘉兩破倭於小埕，守備羅章佐破倭於池嶼，把總胡守仁破倭於石邱，……凡水路十二戰皆捷」。[115] 十一月，倭犯莆田、晉江、福寧田澳、連江、惠安等澳，並圍仙遊縣城。[116] 十二月，戚繼光率軍抵仙遊，擊倭，大敗之，城圍遂解；繼光，並陞任為總兵。[117] 同月，倭犯泉州德化縣城，攻寨弗克，遂引去。[118] 四十三年（1564）二月，總兵戚繼光追擊仙遊逃遁之殘倭，先後在同安王倉坪、漳浦蔡丕嶺二役中，大

---

[112]　請參見陳壽祺，《福建通志》，卷之 267，〈外紀·明〉，頁 28；臺灣銀行經濟研究室編，《明實錄閩海關係史料》，嘉靖四十二年四月丁卯條，頁 50。

[113]　請參見陳壽祺，《福建通志》，卷之 267，〈外紀·明〉，頁 29。

[114]　請參見臺灣銀行經濟研究室編，《明實錄閩海關係史料》，嘉靖四十二年九月丙申條，頁 53。

[115]　陳壽祺，《福建通志》，卷之 267，〈外紀·明〉，頁 29。

[116]　請參見同前註，頁 30。

[117]　請參見同前註。戚繼光，此時所陞任之總兵官，轄區兼跨閩、浙二地，以閩省沿海為主，即「管轄福（州）、興（化）、泉（州）、漳（州）、延（平）、建（寧）、邵武、福寧等七府一州并浙江金（華）、溫（州）二府，兼統烽火（門）、南日、浯嶼、銅山、小埕五水寨，俱聽節制」。見同前書，頁 29。

[118]　請參見同前註，頁 30。

敗之,「於是,閩寇悉平;其殘寇得脫者流入廣東界 [即潮州],掠魚舟入海」。[119] 倭寇遁走廣東潮州後,遭難許久的福建終於撥雲見日,接下來,該地倭患變得比較零星,傷害亦已不似先前嚴重,故筆者便不再此贅述之。

　　總之,吾人若回顧前述內容可知,嘉靖福建倭寇之亂較嚴重的時間,約始於三十四年(1555)十一月倭犯泉州,至四十三年(1564)二月蔡丕嶺之役結束為止,前後共約九年餘,期間讓被禍百姓經歷巨大之苦難,董應舉便稱嘉靖倭亂為「天地一大劫」,[120]此說實在一點都不為過。

二、嘉靖倭亂嚴重之心靈創傷

(一)嘉靖倭亂時屠戮慘狀

　　由前文概述福建嘉靖倭亂之經過,可知倭寇所犯之處如人間煉獄般,例如福寧南部的寧德,從嘉靖四十年(1561)十月至四十二年(1563)二月,短短不到一年半時間裏,四度地淪陷,知縣李堯卿、訓導孫商偉皆死之,倭寇縱火大焚,百姓被殺掠甚眾。又如泉州府城東南方海防重鎮的永寧衛城,亦在嘉靖四十一年(1562)二和三月兩度地淪陷,不僅

119　臺灣銀行經濟研究室編,《明實錄閩海關係史料》,嘉靖四十二年九月丙申條,頁 54;並請參見陳壽祺,《福建通志》,卷之 267,〈外紀‧明〉,頁 30-31。

120　請參見董應舉,《崇相集選錄》,〈嚴海禁疏〉,頁 2。

附近的泉城官民大為驚慌外，尤其是，第二次淪陷時，因先前逃至他處避難的民人、軍戶，已被分巡興泉道萬民英遣回而幾乎被倭寇殺傷殆盡！其他的兵防要地，如永寧東北不遠處的崇武千戶所城，因千戶郭懷仁、朱紫貴失守，亦於嘉靖三十九年(1560)四月淪陷，倭並據城四十餘日，燒毀軍、民屋舍，大掠而去；[121] 而且，約於崇武被難之同時，永寧西南方的浯洲島亦發生慘絕人寰的悲劇，倭賊先登岸料羅，到處劫掠，後並攻陷官澳巡檢司城，「賊四散飽掠，前後凡死者萬餘人，鄉社為墟」；[122] 不僅如此，連浯洲北面不遠處的小島大嶝，亦難躲倭寇之毒手，例如嘉靖三十七年（1558）五月，倭劫掠大嶝島，「大嶝民保于虎頭寨，賊破寨，殺戮蹂躪，備極毒苦」。[123]

在倭寇席捲閩地、攻城掠地的過程中，較為幸運的如福州省城，它曾數度被賊倭所攻圍，但皆幸運地躲過破城屠戮之下場，然而，其南方的興化府城即無此運氣，在嘉靖四十一年（1562）十一月被攻破時，不僅府攝政奚世亮、訓導盧堯佐遇害，倭寇還大肆地屠殺，致使其淪為空蕩之死城。[124] 雖然，倭亂期間福州官、民逃過身家之劫難，但在該城被圍過

---

[121] 請參見陳壽祺，《福建通志》，卷之 267，〈外紀·明〉，頁 20。

[122] 臺北市福建省同安縣同鄉會印，《福建省馬巷廳志（《泉州府馬巷廳志》光緒版）》（臺北市：出版者不詳，1986 年），卷之 8，〈師旅·明〉，頁 17-18。

[123] 同前註，頁 17。

[124] 請參見陳壽祺，《福建通志》，卷之 267，〈外紀·明〉，頁 27。

程中，亦付出相當大的代價！除了閩撫阮鶚為解圍搜財賄
倭，於嘉靖三十七年（1558）三月遭逮後被罷黜為民外，福
州城之情勢曾經數度地告急，令群眾憂心不已！如前一年
（1557）四月該城首次被圍時，福城四郊被倭所焚毀，火光
照亮城中，死者枕藉，附近的南臺、洪塘民居化做灰燼。又
如隔年（1558）四月倭人攻陷福清縣城，大肆燒殺擄掠後，
進犯省城門戶閩安鎮，一路直逼福城而來，時任福建布政參
議的宗臣，[125] 奉命防守福州西城門，他曾將親身經歷記錄下
來，筆者摘錄其中一段內容以供參考，如下：

> 戊午 [即嘉靖三十七年] 四月既望，余 [即宗臣] 至自
> 汀（州），是時都御史阮公 [即閩撫阮鶚] 被逮北去，
> 島夷 [指倭人] 直犯閩安，省中人惶急走而諸大夫日
> 議守城事，遂以余守西門城。（福州城）凡七門而西門
> 者……會明日報寇將至，六門咸閉矣，而城外人數十
> 萬大乎祈入，余遂日闢西門入之，晨起輒坐城上列健
> 兒數十于門，人詰而入，而牛馬雞豕群群薄吾坐不問

嘉靖三十七時，值遇倭寇猖獗進逼福州省城，宗臣奉命守福州西城門禦寇
有功，史載如下：「宗臣，字子相，興化人，嘉靖庚戌[即二十九年] 進士，
由稽查員外郎遷參議。值倭寇至，臣守（福州城）西門，鄉氓襁負求入者幾
萬人，臣戒門者內之。賊倏至，命善火具者百人寘要害，賊不為備，火具發，
死者無算，遂潰去。後，轉督學副使[即按察司提學道副使]，卒於官，閩人
立祠烏石山祀之」。見陳壽祺，《福建通志》，卷130，〈明宦績〉，頁19。上
文中的「寘」，即安放之意。

也。……為檄召城外百里所蓄薪穀悉徙之城中，不徙
者吾縱亂兵焚之，而壯夫有不肩薪穀而入吾門不得
入，於是城外薪穀日以萬石塞門矣。城外人食城中者
不下十萬，城守凡五十日而斗米不增一錢，蓋以多故。
而議者謂城外民廬逼城者，恐城至焚之以攻吾門，於
是凡有廬而近者輒命焚之，烟焱褭褭四起，廬者還泣不
止也。余則止西門之外廬，不焚，曰：「寇至五十里，
爾其自焚，吾不忍為爾焚也。」……。[126]

由上可知，因恐倭寇進行攻城，除西門外福州七座城門關閉
了六個，福城近郊約有數十萬民眾祈望能進入城內來避難，
宗臣在西門處率領兵勇盤詰擁入群眾之身分。此時，他一方
面為使城內守軍百姓不乏食糧、以利長期作戰，另方面係為
堅壁清野、避免倭寇搶掠民糧以戰養戰，除下命令將城外百
里內所蓄積之薪柴、糧穀全部搬入城中，不能搬走的就放火
燒掉，同時，並要求入城避難之壯丁必須要肩挑薪穀，不可
空手而來，此舉，讓城內薪穀物資每日以萬石的數量增加
著；之後，能讓「城外人食城中者不下十萬，城守凡五十日
而斗米不增一錢」，其原因便係在此。另外，上文亦提及，
因為情勢已十分地緊急，明政府為不讓倭人攻城得手，遂先
行要求將城門外緣民屋燒毀，……文中的「烟焱褭褭四起，廬

---

126 宗臣，〈西門記〉，收入陳子龍等輯，《皇明經世文編》，卷之 330，宗子相
集卷之 1，頁 5-6。

者還泣不止」、「爾其自焚，吾不忍為爾焚也」諸語，尤令人
感到哀傷和悲痛！

　　其實，吾人若深究有明一代倭寇之犯行，嘉靖倭亂是全
面性的且達最高峰者，除上述的福建地區外，鄰省的南直
隸、浙江其受害亦十分地嚴重。其中，南直隸的部分，以蘇
州嘉定為例，該地官員曾為免罪責，不敢與倭搏戰，任其到
處殺掠，導致四郊一空之慘況，明人歸有光在〈備倭事宜〉
中，便曾指出：

> 倭賊犯境，百姓被殺者幾千人，流離遷徙，所至村落
> 為之一空，迄今踰月，其勢益橫，州縣僅僅自保，浸
> 淫延蔓，東南列郡大有可慮。即今賊在嘉定，有司深
> 關固閉，任其殺掠，已非仁者之用心矣，其意止欲保
> 全倉庫、城池以免罪責，不知四郊既空，便有剝膚之
> 勢。賊氣益盛，資糧益饒，并力而來，孤懸一城，勢
> 不獨存，此其于全軀保妻子之計，亦未為得也。[127]

至於，浙江的情形亦不遑多讓，籍貫嘉興海鹽的鄭曉，[128] 即
曾以個人經驗述及嘉靖倭亂往事，明白地指道：

---

[127] 歸有光，〈備倭事宜〉，收入陳子龍等輯，《皇明經世文編》，卷之 295，歸
太僕集卷之 2，頁 10-11。
[128] 鄭曉，字窒甫，浙江海鹽人，嘉靖二年進士，曾任南京太常卿、兵部右侍
郎、南京吏部尚書、刑部尚書……等要職。

> 邇者中國，狡賊通倭，刦掠海上，溫（州）、台（州）、
> 寧（波）、紹（興）、杭（州）、嘉（興）、松（江）、蘇
> （州）、揚（州）、淮（安）十郡皆被其害，而上海、
> 太倉、嘉定及敝縣［指海鹽］為甚。賊五至敝縣，某［即
> 鄭曉］盡室圍城中，女婦且投井者數矣。……[129]

亦即倭寇曾經五度去攻犯海鹽，為此，他的家人全被圍困在
縣城中，部分的女眷還因而驚懼投井自殺，……它與嘉靖三
十九年（1560）四月倭陷浯州官澳堡城時，「婦女浮於海者，
以腳纏而三五相繫連，亦以明其不辱之志」的悲慘景象，[130] 十
分地相似，讓人聞之鼻酸。

　　因為，倭寇的手段殘暴凶狠，嘉靖倭亂時眼前所現的諸
多惡行，讓被禍民眾的心中留下難以抹滅的傷痕，並直接且
強烈地助長民眾畏懼和仇厭倭人之心理！雖然，此一心理的
源頭，可能源自於較早的正統四年（1439）浙江桃渚、大嵩
之倭人暴行，甚或是自更早的洪武年間沿海劫掠之時。但不
可否認的是，嘉靖倭亂係有明一代倭患問題最嚴重的時期，
同時，亦是民眾受難痛苦指數達到最高峰的時刻，同時，並
讓他們心靈留下難以抹滅的嚴重創傷。故稱，嘉靖倭亂是明
代中晚期東南沿海百姓共同的痛苦記憶，實一點都不為過。

---

[129]　鄭曉，〈答雷古和〉，收入陳子龍等輯，《皇明經世文編》，卷之 218，鄭公
　　　文集卷之 2，頁 9。

[130]　洪受，《滄海紀遺》，〈災變之紀第八〉，頁 58。

（二）嘉靖倭亂後之心理影響

由前文可知，從明初建國起，中日雙方便因沿海倭患問題而彼此關係不睦，明人「疑倭」的想法此時便已開始滋生。加上，明政府海禁政策和朝貢貿易等失當的措置，導致中日間走私猖獗、倭人來華劫掠……等問題頻生，亦讓一般人對日本和倭人多充滿負面的觀感和評價。尤其是，倭人劫掠的問題，先前正統時在浙江桃渚、大嵩之暴行僅是區域性，雖然透過口耳相傳，畢竟影響的範圍仍是有限！但是，嘉靖倭亂的犯行卻是全面性的，不僅東南諸省皆受其害，而且手段殘暴又歷時十餘年；之後，大規模的倭亂雖已平息，但倭人劫掠沿海問題卻未完全斷絕，以及又爆發日本侵略朝鮮、控制琉球和窺伺臺灣……等一連串可能危害明帝國安全之情事。上述這些的問題，不僅讓明人先前疑倭的想法更加地強烈，同時，亦加深他們對倭人仇厭和畏懼的心理，而且，上述的疑倭、厭倭和懼倭三種心態又糾結在一起，彼此相互地影響之下，便形成了嘉靖倭亂後明人特有對倭人恐慌的「恐倭」心理，而此一現象，在曾遭受過倭害地區的民眾（或其子孫），似乎亦特別地明顯！

1.先前疑倭想法愈加地強烈

在嘉靖倭亂後，明人疑倭之想法較前愈加地強烈，對日本或倭人充滿著懷疑不信任的態度。有關此，吾人可由史籍《明實錄》的內容中獲得證實，包括諸如「倭奴狡詐異常，

海外勢難遙度」；[131]「倭奴譎詐變幻，眈眈未已」；[132]「倭奴
詭譎叵測，……；若其往來頻數，乘我不備，俱未可知」[133]……
等內容近似的語句，在該書中一再地出現，用「狡詐」、「詭
譎」來形容他們心目中的倭人，即是一好例。其實，對日本
或倭人不信任的問題，吾人亦可由明政府的措置或文武官員
的見解窺知一二，茲舉底下數例來做說明。

　　首先是，明政府的措置部分。例如歷時七年的中日朝鮮
之役結束後，[134] 日方為表達善意，曾於萬曆三十年（1602）
四和六月送返中國被擄之民眾和捕獲之盜賊，其中，四月時
係由日本國王清正將被擄的王寅興等八十七人遣送回福建，
並請隨行的華人通事王天祐轉交兩封書信給明政府，福建當
局據此上報朝廷。然而，明政府對日方此次「善意」的舉動，
充滿著高度的懷疑，一是「（日本國王）來書復類華字跡，果

---

[131]　臺灣銀行經濟研究室編，《明實錄閩海關係史料》，萬曆三十五年十一月己
　　　酉條，頁 100。

[132]　同前註，萬曆四十五年十月庚戌條，頁 122。

[133]　同前註，萬曆四十六年九月丙戌朔條，頁 124。

[134]　中日朝鮮之役，始於萬曆二十年四月日本關白豐臣秀吉派軍大舉侵略，朝
　　　鮮遂向明政府乞援。明遂於六月遣兵前往馳援，並於次年正月收復平壤城，
　　　日軍因平壤之敗而起媾合之意，中日雙方在不顧朝鮮反對之下，逕自進行和
　　　談，開始進行外交折衝。二十四年九月，豐臣秀吉因對和談結果大失所望，
　　　便決定再動干戈，翌年正月遂再派大軍征討朝鮮，就在其肆行侵略之時，秀
　　　吉本人卻於二十六年八月身亡；為此，日軍便陸續撤回，而明軍亦於兩年後
　　　始全部歸國，此一前後共經七年，日人所發動的兩次侵略朝鮮戰爭，才告結
　　　束。詳見鄭樑生，〈壬辰之役始末〉一文，收入《歷史月刊》第 59 期（1992
　　　年 12 月），頁 24-36。

否出自清正，皆不可曉」。[135] 二是朝廷負責軍事兵防業務的兵部，便認為此事大有蹊蹺，指道：

> 閩海首當日本之衝，而奸宄時搆內訌之釁；自朝鮮發
> 難挫衂而歸，圖逞之志未嘗一日忘。今跡近恭順，而
> 其情實難憑信；與其過而信之，寧過而防之。除通事
> 王天祐行該省 [即福建]（巡）撫、（巡）按徑自處分、
> 王寅興等聽發原籍安插及將倭書送內閣兵科備照外，
> 請移文福建巡撫衙門亟整搠舟師，保固內地；仍嚴督
> 將士偵探，不容疏懈。[136]

上文中「今跡近恭順，而其情實難憑信；與其過而信之，寧過而防之」的語句，道盡了明政府對日本和倭人的態度和觀感，甚至於，還懷疑日方此舉係有不良之企圖，故兵部下令閩省的防務不可鬆懈，除要整飭水師備戰外，並要求派人偵探敵情，以掌握倭人未來可能之動態。經過兩個月之後，倭人又送回另一批被擄民眾盧朝宗等五十二人，同時，並縛送王仁等四名盜賊交給福建當局處理，對此，中央兵部的主張仍然與先前的相同，內容大致如下：

---

[135] 臺灣銀行經濟研究室編，《明實錄閩海關係史料》，萬曆三十年四月癸卯條，頁 93。

[136] 同前註。

> 島夷［指倭人］送回被虜至再，今且解南賊四名，跡
> 似恭順矣。但夷性最狡，往往以與為取；則今日之通
> 款，安知非曩日之狡謀！委當加意隄備，以防叵測。
> 除盧朝宗等發回原籍安插外，請將王仁等即行處決，
> 仍申飭將吏訓練兵船，嚴防內地；密差的當員役，遠
> 為偵探。諸凡海防、兵食等項，悉心計處，期保萬全，
> 毋致誤事。[137]

認為，「夷性最狡，往往以與為取；則今日之通款，安知非
曩日之狡謀」，遂依然要求福建當局，「申飭將吏訓練兵船，
嚴防內地；密差的當員役，遠為偵探。諸凡海防、兵食等項，
悉心計處，期保萬全，毋致誤事」。由此可清楚看出，明政
府對倭人強烈的防備心理和不放心的態度，而此一想法，可
說是從明初沿海倭患起，經嘉靖倭亂至中日朝鮮之役，歷經
兩百年與倭人互動經驗中所累積之心得結論。亦因如此，兵
部上述兩次的主張，皆獲得萬曆帝的支持，並要求閩省必須
執行之。

　　其次是，文武官員的見解部分。例如萬曆二十八年（1600）
時，日本幕府德川家康命人送回先年被虜的人口、季州等十
一名盜賊，以及中日朝鮮役時被差往倭營用間的將領毛國
科，中央兵部便將此事交由福建當局處理。[138] 當時，閩地的

137　同前註，萬曆三十年六月戊申條，頁93-94。
138　請參見同前註，萬曆二十八年六月戊戌條，頁90。

部分將領便認為，日方此舉不懷好心，目的在透過遣返人口
途中，窺視瞭解來華航道，有關此，次年（1601）分巡興泉
道王在晉呈給閩撫金學曾的揭文中，[139] 便曾轉述福建總兵朱
文達的見解，指道：

> 今年剽劫之賊，非漳（州）、泉（州）勾引之賊，乃去
> 年毛國科以解賊為名，熟窺海道，故多真倭突入，倘
> 賊船合綜，非福舡不可禦，今俱改作鳥船，必須復造
> 二號福船，以備緩急。[140]

亦即去年日方來華熟悉航道之後，導致今年倭人賊寇變多，
假若倭船集結突入的話，則水師體型較小的鳥船恐無法抵禦
招架，故必須要重造較大型的兵船即二號福船，[141] 以備緩急
之用。其他又如萬曆四十五年（1617），倭人明石道友送回
先前在東湧（今日馬祖東引島）偵探倭蹤遭擄的董伯起時，

---

[139] 王在晉，字明初，號岵雲，南直隸太倉人，萬曆二十年進士，曾任中書舍
人、江西布政史、兵部侍郎、兵部尚書……等職，撰有《海防纂要》、《越鐫》、
《蘭江集》……等書。

[140] 王在晉，《蘭江集》（北京市：北京出版社，2005 年），卷之 19，〈書帖‧上
撫臺省吾金公揭十三首其三〉，頁 7。

[141] 明時，福建水師船艦型式主要有六：一號、二號俱名福船，三號為哨船又
名草船（即草撇船），四號為冬（仔）船又名海蒼船（一作海滄船），五號為
鳥船亦名開浪船，六號為快船。其中，船身高大的福船，其最大優點是「敵
舟小者相遇則犁沈之，而敵又難于仰攻，誠海戰之利器也」。見鄭若曾，《籌
海重編》（臺南縣：莊嚴文化公司，1997 年），卷之 12，頁 90。

[142] 負責處理此事的福建巡海道韓仲雍，[143] 便曾當面正告明石說：

> 上年疏 [誤字，應「琉」] 球之報，謂汝 [指倭人] 欲窺占東番北港，傳豈盡妄？但天朝因汝先年有交通胡惟庸、擅殺宋素卿輩與誤信汪五峰 [即汪直] 輩頻年入寇，近復有平秀吉 [即豐臣秀吉] 侵擾高麗諸事，懸示通倭禁例益嚴。……汝若戀住東番，則我寸板不許下海、寸絲難以過番，兵交之利鈍未分，市販之得喪可睹矣。[144]

韓對於去年（1616）倭人船隊南犯一事甚感不滿，懷疑其背後的動機不單純，並且，明白地警告倭人，假若想要侵據臺灣，明政府定會有所反應，讓海禁執行更為嚴格，使其無利可圖！然而，更重要的是，他在上文中指稱，明初洪武時倭人「交通胡惟庸」謀為不軌，「擅殺宋素卿輩」即嘉靖二年

---

[142] 萬曆四十四年四月，日本長崎代官村山等安派遣其子村山秋安、部屬明石道友率領士卒分乘十餘艘船艦，南下欲遠征臺灣。然而，村山的船隊出發後，卻在琉球遇到颶風而被吹散，其中，有兩艘明石道友的船隻，於五月航行到福州外海的東湧，進退兩難之際，值遇前來偵探倭情的董伯起，明石遂挾走董，返回日本。

[143] 韓仲雍，南直隸高淳人，萬曆三十二年進士。此時，韓以福建按察司副使出任巡海道一職，並請參見陳壽祺，《福建通志》，卷96，〈明職官〉，頁23。

[144] 臺灣銀行經濟研究室編，《明實錄閩海關係史料》，萬曆四十五年八月癸巳朔條，頁119-120。文中的東番北港，泛指今日的臺灣。

（1523）倭人內鬥引發的寧波事件，「誤信汪五峰輩頻年入寇」係指嘉靖三十一年（1552）勾倭入寇、拉開嘉靖倭亂序幕的汪直，再到「平秀吉侵擾高麗」即萬曆二十年（1592）起歷時七年的中日朝鮮之役，上述的這些事件，都讓明政府十分地不滿，遂多次嚴行海禁，斷絕通倭，以應變局。其實，韓上面所細數的這幾件事，都是非常具有代表性，而且，都是當時一般文官武將耳熟能詳的，但是，這些過去與倭人接觸所得到的經驗，卻全部都是負面、痛苦和不愉快的回憶。故韓的上述說法，不僅可以代表明政府的態度和立場，[145] 同時，亦可視為是明代晚期仕宦階層對倭人的認知看法。

2.明人「恐倭」心理逐漸地茁長

前已提及，嘉靖倭亂直接助長民眾對倭人畏懼和仇厭之心理，然而，倭患問題之後又並未完全地根絕，它又繼續地讓民眾對倭人恐慌的心理蔓延下去。雖然，福建大規模的寇亂在嘉靖末時已絕跡，但接下來的穆宗隆慶（1567-1572）、萬曆（1573-1620）年間仍不時有倭患的發生……。例如隆慶元年（1567）三月，倭三百多人駕雙桅巨艦突入閩、粵交界的南澳，在此構築堡寨以候同黨，總兵戚繼光派遣舟師環攻之，並以火器焚燬倭船，倭被斬殺或溺斃者幾盡，其續至者

---

[145] 因為，韓仲雍身任巡海道一職，該職為福建海防相關業務主要負責人。巡海道，隸屬於福建提刑按察使司，主要負責福建海防相關之業務，並兼管貿易、對外關係等工作，此職多由按察司的副使或僉事擔任之，故一般又稱為「海道」、「巡海道」或「海道副使」。

在洋上聞此消息，遂調頭遁去；[146] 次月，又有倭船泊靠泉州崇武澳，總兵戚繼光得悉，先命弱軍誘之登岸，再以精銳士卒進勤搏戰，大破之。[147] 萬曆元年（1573）八月時，倭人曾進犯澎湖東澳。[148] 又如三十年（1602）時，有倭舟七艘「從粵入閩，又從閩入浙，又從浙歸閩，住據東番，橫行三省，所過無忌」，[149] 九月初曾由浙江南竄至福州萬安千戶所，攻城焚船，並掠奪附近的草嶼島民，再南下泊據福、興二府海上交界的西寨，之後，又從興化的烏邱島（今日烏坵）出海，南下竄往外海的澎湖，再轉據旁側的臺灣，[150]「至東番，披其地為巢，四出剽掠，商、漁民病之」；[151] 後來，這支為害沿海頗大的倭寇，被浯嶼水寨把總沈有容殲滅於臺灣海域。[152]

隆、萬年間除沿海倭患未完全絕跡外，中日雙方亦發生

---

[146] 請參見陳壽祺，《福建通志》，卷之 267，〈外紀‧明〉，頁 34。

[147] 請參見同前註。

[148] 請參見同前註，頁 35。

[149] 陳第，〈舟師客問〉，收入沈有容輯，《閩海贈言》（南投市：臺灣省文獻委員會，1994 年），卷之 2，頁 28。

[150] 上述倭舟流竄之路線，請參見沈有容自傳稿〈仗劍錄〉，載於姚永森〈明季保臺英雄沈有容及新發現的《洪林沈氏宗譜》〉，《臺灣研究集刊》1986 年第 4 期，頁 88。

[151] 黃鳳翔，〈靖海碑〉，收入沈有容輯，《閩海贈言》，卷之 1，頁 11。

[152] 有關其詳細的經過，請參見沈有容自傳稿〈仗劍錄〉，載於姚永森〈明季保臺英雄沈有容及新發現的《洪林沈氏宗譜》〉，《臺灣研究集刊》1986 年第 4 期，頁 88。

多次直接或間接的衝突，包括前述的萬曆二十（1592）至二
十六年（1598）的中日朝鮮之役，萬曆三十七年（1609）九
州薩摩藩出兵控制中國的藩屬琉球，以及萬曆四十四年
（1616）長崎代官村山等安派軍遠征臺灣。上述的這些事件，
皆讓明政府高度地懷疑倭人背後的動機和企圖。例如日本欲
出兵朝鮮，閩撫趙參魯便懷疑日軍可能採「聲東擊西」之計，
[153] 佯以進攻朝鮮為名，實則欲襲犯中國，「于是戒飭水、陸
二兵，各時訓練，嚴部伍，簡將校，繕城堡，且召福清致仕
叅將秦經國等至省會，其議防守戰攻之策，諸凡兵政確有廟
算矣」。[154] 又如倭人侵犯琉球時，閩撫陳子貞亦採高度戒備
的態度，遂於次年（1610）先後上奏〈防海要務疏〉和〈海
防條議七事〉，[155] 力陳因應之道，並整頓沿海武備，以應不
測之變局。至於，村山船隊遠征臺灣時，則有部分船隻因航

---

[153]　請參見鄭大郁，《經國雄略》（北京市：商務印書館，2003 年），〈四夷攷・
卷之二・日本〉，頁 35。

[154]　鄭大郁，《經國雄略》，〈四夷攷・卷之二・日本〉，頁 35-36。

[155]　有關閩撫陳子貞上述的奏疏，其中，〈防海要務疏〉的內容主要有六，即精
練水兵習海技利、禁止兵丁虛冒名額、精修戰艦以利備戰、火器精堅官兵慣
習、嚴督操練固守城池和鎮選將領以利委任。請參見李國祥、楊昶，《福建
明實錄類纂（福建臺灣卷）》（武漢市：武漢出版社，1993 年），萬曆三十八
年七月癸亥條，頁 544。至於，〈海防條議七事〉的部分，內容主要有「重
（巡）海道事權，以資彈壓」、「省汰除汛兵，以熟操駕」、「核虛冒名糧，以
定弊端」、「清侵占屯田，以復舊制」、「禁往倭大船，以絕勾引」和「公出海
利澤，以安內地」等項，請參見李國祥、楊昶，《福建明實錄類纂（福建臺
灣卷）》，萬曆三十八年十月丙戌條，頁 545-546。附帶說明的是，該書條下
曾註稱：「原文只列六事而非七事」。

行速度落後，在進入中國水域後，便與浙江兵船爆發了海戰，雙方各有傷亡，[156] 之後，這些倭船亦於同年（1616）返回日本。

雖然，倭人上述三個侵擾外境的活動，並未直接地危害到中國本土，卻對明政府官員或百姓構成心理上嚴重的威脅，讓他們懷疑倭人是否又要來侵犯中國，甚至於，讓他們害怕嘉靖倭亂悲劇是否會再度地重演！不僅如此，倭人上述這些的舉措，再對照昔日動亂苦難的教訓，皆不斷地在提醒著明人：「倭人是恐怖的，具有傷害性的。」同時，亦加深明人對其仇厭和畏懼的心理！有關此一問題，筆者茲舉萬曆元年（1573）倭寇攻掠松山做為例子。松山，係閩海水師烽火門水寨的母港基地，且是福寧州城的門戶，戰略地位重要，明人殷之輅在萬曆四十四年（1616）刊刻的《萬曆福寧州志》中，曾回顧此次寇亂之經過，並語重心長地言道：

> 戚都護元敬〔即戚繼光〕有言曰：「防海有三策。海洋截殺，毋使入港，是得上策；循塘拒守、毋使登岸，是得中策。阻水列陣，毋使近城，是得下策；不得已而守城，則無策矣」，洵格言也。予〔即殷之輅〕猶及見癸酉〔即萬曆元年〕倭犯松山，我軍敗績，衛士死

此役為萬曆四十四年五月的浙江南麂洋海戰，有關其詳細之經過，請參見臺灣銀行經濟研究室編，《明實錄閩海關係史料》，萬曆四十四年十一月癸酉條，頁118。

者百餘人，絕祀者數家，嗟嗟何忍言哉！蓋昇平既久，
上下偷安，所謂三予敵者，明明可危，恬不知慮，及
倭船自大海直入如蹈無人之境，當時焚戮之慘，白日
為昏號哭之聲，聞者心戰倉皇無策，（福寧州）城岌岌
乎殆矣！從此，視征操如入苦海求脫占籍，迄今四十
餘年，又倖昇平，乃糜征操之餉者攘攘如市。鳴呼！
人知其一，莫知其他，則胡不戒癸酉之前車而習戚都
護之三策哉。[157]

由上可知，此次寇亂明軍大敗，「衛士死者百餘人，絕祀者
數家」，而且，「倭船自大海直入如蹈無人之境，當時焚戮之
慘，白日為昏號哭之聲，聞者心戰倉皇無策，（福寧州）城
岌岌乎殆矣」，福寧官民驚懼之程度可見一斑！不僅如此，
亦因此役死傷不少，還讓前來值戍烽火門水寨的衛、所官
軍，畏懼如入苦海般，希能脫去自身軍戶身分，以免他日淪
為倭寇刀下的冤魂。其實，類似此種「恐倭」心態之表現，
在昔時倭患頻繁或被災嚴重的其他地區亦不乏其例，並非僅
有福州省城而已，有關此，筆者在底下章節中還會有相關內

---

[157] 殷之輅，《萬曆福寧州志》（北京市：書目文獻出版社，1991年），卷之5，
〈兵志上‧糧餉〉，頁20-21。上文的「征操」即衛所兵制的「征操軍」，此
處應指附近前來值戍烽火門水寨的衛、所官軍。因為，明代的衛所之兵主要
有三，即「征操軍」、「屯旗軍」和「屯種軍」。其中，征操軍入則守城、以
時訓練，謂之「見操軍」。出則守寨、按季踐更，謂之「出海軍」，而輪戍福
建水寨的衛、所官軍，即屬出海軍。

容之說明。

三、閩人「恐倭」心理之呈現

因為，明人經歷嘉靖倭亂巨大的苦難之後，倭患問題又無法完全地根絕，不僅讓其先前疑倭的想法更加地強烈，並加深他們對倭人仇厭和畏懼的心理，同時亦讓他們害怕，未來或許還會再發生類似嘉靖時的屠戮慘劇？亦因如此，他們必須針對此一問題有所準備以便因應，而此一現象，即是本章所要討論的閩人「恐倭」心理呈現之問題，它主要亦表現在以下的兩方面，一為官民恐懼倭亂再現，另一則是政府防備倭犯重演，有關此部分的說明，詳見底下的內容。

（一）官民恐懼倭亂再現

首先是，民眾恐懼倭亂再現。明代中晚期時，福建沿海曾遭倭患地區民眾「恐倭」心理的最直接表現是——「一有風吹草動，百姓驚恐反應！」筆者茲舉三個例子做為說明。一是中日朝鮮之役爆發，福清縣城迅速拓建。萬曆二十年（1592）中日爆發朝鮮戰役，此時，明政府恐日方採聲東擊西之計，南下襲犯閩海，大事增強武備以為因應，而福清的官民尤為驚慌，因縣城圍牆毀損多時一直未修復，倭人假若入犯則後果不堪設想，尤其是，三十餘年前的往事令人畏懼不已，……嘉靖三十七年（1558）倭寇攻陷福清城，殺掠茶

毒甚慘，史載如下：

> （嘉靖三十七年）夏四月，倭寇福州府，轉攻福清縣，
> 陷之，執知縣葉宗文，訓導鄒中涵、邑舉人陳見死之
> 【倭踩（福州）連江，踰北嶺，直逼省城[即福州城]，
> 陷福清，陷之，執宗文，劫庫（房）、獄（囚），殺掠
> 男女無算，焚官民廨舍一空，中涵與見皆不屈死。】。
> [158]

亦因如此，時值海上倭警再起，福清父老遂驚恐不已，奔走
請求政府協助修護城牆，由新任知縣丁永祚負責，「（丁）永
祚以（福清縣）城東、西、北並傅山阜，賊登阜仰攻如對壘
然，乃移舊城四百餘丈，增新城兩百丈，益以月城」；[159] 該
工程於萬曆二十一年（1593）初春動工，入夏便即告成，[160] 由
福清拓城僅費數月時間，便可窺知福清官民重視此事之程
度！

二是倭船直抵泉州城下，影響浯嶼水寨北遷石湖。萬曆
三十年（1602）日本送回被虜難民時，倭船曾長驅直入泉州
灣，直抵泉州城下。此一景象，令部份人士感到十分地憂心，
泉州知府程達便是其一，時人黃國鼎便言道：

---

[158] 請參見陳壽祺，《福建通志》，卷之 267，〈外紀·明〉，頁 17。

[159] 同前註，卷之 131，〈宦績·明·福清縣知縣〉，頁 16。

[160] 請參見葉向高，《蒼霞草全集·蒼霞草》，卷之 10，〈福清縣闢城記〉，頁 33。

> 中國苦倭久矣，而閩泉郡為甚。泉（州）與倭隔一海，
> 可一葦而至。……時觀察信吾程公〔即程達〕為郡
> （守），嘆曰：「豈有醜虜卒來，如入無人之境，門戶
> 安在哉！」乃咨近地有可泊舟師為吾郡藩籬者；而宛
> 陵沈將軍〔即沈有容〕欽總浯嶼（水寨），素遍覽地
> 形，乃以石湖宜寨狀，條陳甚悉。公遂俞之，具請當
> 道，議欲移寨石湖。[161]

倭船直航泉城一事，確實令明政府十分地恐慌，而決定加強
泉州府城海上防衛的措施，恰巧，此時明政府欲有意將設在
廈門的浯嶼水寨搬遷至北方，正值討論何處是適當的新寨址
時，適值該事件的發生，而促使明政府決心將該寨搬遷至泉
州灣口南岸的石湖，以捍衛泉城的海上安全。[162] 然而，泉城
官紳為了保衛自身的安全，[163] 讓泉州最強大的水師北移改駐
在石湖，此一舉措的源由，主要亦來自於嘉靖倭亂的歷史傷
痛。因為，嘉靖四十一年（1562）二和三月泉城東南方的永
寧衛城，曾兩度地淪陷於倭寇手中，史載如下：

---

[161] 黃國鼎，〈石湖愛民碑〉，收入沈有容輯，《閩海贈言》，頁8。

[162] 以上的內容，請參見何孟興，《浯嶼水寨：一個明代閩海水師重鎮的觀察（修訂版）》（臺北市：蘭臺出版社，2006年），頁184-187。

[163] 有關此，明人池顯方寫給蔡獻臣的書信，便曾言道：「泉紳愛其門戶，假浯嶼（水寨）於石湖」，譏諷泉州官紳私心自用，將浯嶼水寨搬遷至石湖，用以保護自身的利益。請參見池顯方，〈與蔡體國書〉，收入周凱《廈門志》（南投市：臺灣省文獻委員會，1993年），卷9，〈藝文略·書〉，頁296。

（嘉靖四十一年）二月……倭陷永寧衛【指揮王國瑞
失守，（泉州）郡城聞永寧陷，城門晝閉，海濱男婦被
寇者數萬人，擁城下不得入，哭聲震原野，郡人致仕
僉事莊用賓白縣令開門納之，復與其弟生員用晦募敢
死士三百人輒出擊賊，賊恚甚，掘用賓父塚，剖屍去。
用賓兄弟率眾奪父骸以歸，用晦殿後與賊格鬬，死於
陣。】……。三月……倭復陷永寧衛【先是（永寧）
衛（城）中軍民遁去，分巡（興泉道）僉事萬民英悉
遣還（永寧衛），至是，城再陷，軍民殺傷幾盡】。[164]

由上可知，永寧衛城首次淪陷時，距離不遠處的泉城大為震
駭，「城門晝閉，海濱男婦被寇者數萬人，擁城下不得入，
哭聲震原野，……」，而且，更悲慘的是，永寧衛於次月二
度淪陷時，軍民幾乎被倭寇屠殺怠盡，相信附近的泉城官民
都聞悉此事並引以為借鏡，而泉州地方官紳會爭取浯寨搬遷
來此，維護自己的身家財產，避免四十年前倭亂悲劇再次地
發生，應是其最主要之原因。

　　三是日本送回董伯起，福州城人驚慌不安。萬曆四十五
年（1617），倭人明石道友送董返抵福州海防重地小埕時，
曾參與處理此事的明將沈有容在回憶錄中指道，「省會城門盡

---

[164] 陳壽祺，《福建通志》，卷之 267，〈外紀・明〉，頁 24-25。上文中的「恚」，
憤怒之意。

閉，人心惶惶」。[165] 倭人僅是用船送回被擄的將弁而已，竟
然可以讓福州百姓惶惶不可終日，省城還為此戒嚴，城門關
閉不開，以應不測之變；不僅如此，在此前一年（1616）即
明石擄走董之前出現在福州外海時，倭船的數量亦不過兩艘
而已，卻已讓該地百姓大眾驚慌不已，董的族親董應舉在〈中
丞黃公倭功始末〉一文中，亦曾指出：

> 至丙辰［即萬曆四十四年］五月，明石道友船停泊東
> 湧僅二隻耳。內地不知多寡，大家爭奔入省城；城門
> 晝閉，無一敢出偵者。軍門黃公［即閩撫黃承玄］以
> 厚賞募人遠偵，而董伯起應命。……伯起念二隻倭船，
> （福州）省城驚惶如此；若十一隻俱到，豈不倒了城
> 墻？[166]

文中指稱，先前明石停泊在福州外海東湧的兩艘倭船，已讓
民眾爭相逃入省城避難，福州城門白晝為之緊閉，沒人敢出
去偵察倭人動態，之後，因閩撫黃承玄重賞勇夫，才有董伯
起應命偵倭一事，……然而，兩艘倭船就可讓福州官民驚慌
成這樣，假若當時情形是換成村山完整船隊十一艘船同時入
犯的話，[167] 那福州省城豈不是倒了城墻！由上述誇張、生動

---

[165]　沈有容自傳稿〈仗劍錄〉，載於姚永森〈明季保臺英雄沈有容及新發現的《洪
　　　　林沈氏宗譜》〉，《臺灣研究集刊》1986 年第 4 期，頁 89。

[166]　董應舉，《崇相集選錄》，〈中丞黃公倭功始末〉，頁 48。

[167]　村山等安南犯的倭船數量共十一艘，係明石道友所言（見黃承玄，〈題報倭

的描述得以窺知，明代晚期省城百姓是多麼地畏懼倭人，將他們視為是洪水猛獸，害怕若再來了之後，昔時燒殺擄掠的恐怖景象可能又要重演了……。

（二）政府防備倭犯重演

前節提及，在昔時倭患頻繁或被災嚴重的地區，日本或倭人若有何風吹草動，民眾除了會疑想他們又在覬覦中國，昔時倭患苦難景象又重新浮上心頭，然而，此一恐倭之心理傾向，同時，亦出現在明政府及其官員的身上，而它主要是反應在如何防備日本或倭人入犯一事上，然而，筆者需強調的是，明官員防倭的措舉或其動機，內在的恐倭心理僅是其一，而非其全部之原因。明人曹學佺在《石倉全集・湘西紀行》下卷〈海防〉中，文首處便言道：「閩有海防，以禦倭也。」[168] 即指福建會有海防相關之措置，是為防備倭人而設的，此語說得有力且十分地貼切。因為，前文曾已提及，早自明初即有倭患問題，洪武帝還因外交方式無法解決，轉而專意海防措置以對付倭寇之侵擾；不僅如此，吾人若細究福

船疏〉，收入臺灣銀行經濟研究室，《明經世文編選錄》，頁 254。），上述的說法不無疑問。因為，根據中方史料的記載，其數目應該超過此，明人曹學佺便指出，董伯起遭挾持時，明石曾透過通事告稱：「我係長砂磯國王差往雞籠復仇耳，共船十四隻，遇風飄散，獨我二船停泊東湧，候風順，眾船至，即共發，不入大明境界也」。見曹學佺，《石倉全集・湘西紀行》（臺北市：漢學研究中心，景照明刊本），下卷，〈海防〉，頁 45。

168　曹學佺，《石倉全集・湘西紀行》，下卷，〈海防〉，頁 24。

建兵防佈署之改變甚或官制之增置變革,會發現到一個有趣的現象,亦即它們大多與防倭問題有直接的關連,尤其是,嘉靖倭亂期間是其重要變化的關鍵階段,福建的巡撫、總兵、參將甚或遊兵之始置和興革皆於此時。

首先是,巡撫的設立。嘉靖三十六年(1557)時,因福建倭亂問題嚴重,明政府專設巡撫一職,由督師平亂的工部侍郎趙文華所建議。[169] 趙奏稱,浙江頃以倭寇,增設總督,又設巡撫,未免偏重,請改浙江都御史於福建,駐紮漳州,撫處沿海通商之民;嘉靖帝從之。[170] 其次是,總兵的派任型態。閩地的總兵一職,在嘉靖以前係由中央朝廷暫遣的,嘉靖年間才改為固定的駐鎮總兵官,[171] 其起因亦是源自於倭亂;有關此,明人何喬遠亦言道:「嘉靖四十二年,以閩中連歲苦倭,議設總兵鎮守,春、秋二季駐福州(省城),夏、冬二季駐鎮東(衛)」。[172] 再次是,參將的增置和變革。嘉靖二十八年(1549),明政府於總兵底下增置參將一員,此際倭亂尚未爆發,但沿海走私問題已嚴重,至三十五年(1556)時,因應勦倭戰事之需,閩撫王忬題准參將改增為水、陸二路,至三十八年(1559)閩撫劉燾再議准改水、陸二路為北、

---

[169] 請參見李國祥、楊昶,《福建明實錄類纂(福建臺灣卷)》,嘉靖三十六年正月丁卯條,頁139。

[170] 請參見吳廷燮,《明督撫年表》(北京市:中華書局,1982年),頁504。

[171] 請參見陳壽祺,《福建通志》,卷之106,〈職官·明〉,頁1。

[172] 何喬遠,《閩書》,卷之40,〈扞圉志〉,頁983。

中、南三路參將，[173] 用以鎮守地方抵禦倭寇。[174] 最後是，
遊兵的增設。「遊兵」是一種兵法運作的「思維」或是執行
任務的「角色」，[175]「遊兵」的指揮官可能因任務性質或責任
輕重的差異，任用的將領職階亦有所不同，有時是把總，或
守備，或為遊擊將軍，甚至是參將。浙閩都御史王忬為對付
日漸猖獗的倭亂，曾於嘉靖三十二（1552）、三（1554）年
間，在福建沿海要地如福州省城門戶的閩安鎮、興化莆田的
湄洲、泉州浯洲的料羅、漳州詔安的玄鍾……等地佈署遊兵

---

[173] 以上的內容，請參見顧亭林，《天下郡國利病書》（臺北市：臺灣商務印書
館，1976 年），原編第二十六冊，〈福建‧漳州府‧南路參將〉，頁 112。附
帶需提的是，福建設立參將一職，襄助總兵鎮守地方，係源自於嘉靖二十八
年浙閩副都御史朱紈之題請，初設參將一員，然此時未有專管之特定職務。
三十五年，改為水、陸二路參將時，同樣亦未有專任之防禦轄區。請參見羅
青霄，《漳州府志》（臺北市：臺灣學生書局，1965 年），卷之 3，〈漳州府‧
秩官志‧將領〉，頁 57。

[174] 嘉靖三十八年新設的北、中、南三路參將，則開始有各自防禦轄區，便以
鎮守地方。茲以南路參將為例，「其駐漳（州）者為南路（參）所轄，自
（漳州）詔安廣東界北達（泉州）祥芝，蓋鎮漳（州）而兼控泉（州）矣。
先是南澳尚未開府 [即日後增設之南澳副總兵]，（南路參將）每（春、冬）
汛期專駐玄鍾，後南澳既設，移駐銅山；萬曆二十年，議者謂（南路參將）
偏處一方，移駐鷺門 [即廈門]，居中調度焉」。見同前書，原編第二十六冊，
〈福建‧漳州府‧兵防考〉，頁 108。

[175] 古時，軍事作戰將部隊分為正、奇二部，「正者（迎面）當敵，奇兵從傍擊
（敵之）不備也」（見曹操等註，《十一家注孫子》（臺北市：里仁書局，1982
年），卷中，〈勢篇〉，頁 68。）。遊兵，在明代海防中即扮演奇兵的角色，
往來於海中，執行巡探攻捕、伏援策應的任務。

戰船。[176] 嘉靖倭亂底定後，明政府將遊兵的設置改為常態化，隆慶四年（1570）先設立浯銅、海壇遊兵，萬曆四年（1576）增設玄鍾遊兵，之後，又陸續地在福建沿岸或海中的島嶼增置新的遊兵。[177]

防倭寇掠的問題，除影響福建的兵防佈署甚或官制增革外，吾人亦可發現，有明一代閩地軍事備防之強度，亦與日本、倭人威脅的情況程度成正比，亦即許多的兵防措置或變革都為備倭而設的，因倭人入犯刺激而產生的。有關此，吾人可回顧一下明代福建海防的歷史。明初時，便因倭寇騷擾沿海，遂有洪武帝派遣江夏侯周德興，南下福建擘造海防之舉。嘉靖倭寇之亂荼毒慘重，明政府傾其全力抵禦寇亂，閩地兵防措舉有諸多的增置興革，如前段所述者。日本侵犯朝鮮期間，明政府恐其襲犯中國，東南沿海隨之戒嚴，閩地官員亦懼嘉倭悲劇重演，不敢隨便大意，戮力整飭沿海武備，以應情勢之變化。例如閩撫趙參魯在於倭人出兵前，即從琉球貢使處獲得情報，萬曆十九年（1591）八月便未雨綢繆地，積極地推動福建的防務工作；[178] 不僅如此，之後接任閩撫的

---

[176] 請參見卜大同，《備倭記》（濟南市：齊魯書社，1995 年），卷上，〈置制〉，頁 2。

[177] 例如萬曆三十年時，便有崈山、臺山、海壇、湄洲、浯銅、彭湖（即澎湖）和南澳等七支的遊兵，請參見王在晉，《蘭江集》，卷之 17，〈南鳥船號色議〉，頁 7-8。

[178] 閩撫趙參魯認為，「（禦倭之）法當禦之於水，勿使（倭人）登岸；（不法）姦徒勾引（倭人），法當防之於內，勿使（倭人）乘間」（見臺灣銀行經濟研

張汝濟、許孚遠和金學曾等人，亦多有備倭入犯的興革措施，其中，如金學曾即於萬曆二十五年（1597）七月針對倭人可能入犯途徑和形態，上奏條陳防海四事，並得到兵部允行，[179] 而澎湖遊兵的設立即是其一。由趙參魯在倭人未犯前，就如此反應過度地推動防務的舉措，與前節所述的中日朝鮮役發後福清縣城迅速拓建一事，兩者一官一民所表現的心態是一致的，都是害怕嘉靖慘劇重演的恐倭心理之具體表現。然而，諷刺的是，此次明政府畏懼倭亂重演的兵防備戰工作，卻因倭酋豐臣秀吉於次年（1598）身亡、日軍撤離朝鮮的緣故，先前如火如荼地進行的防務準備亦跟著沈寂下來，先前所做的海防措舉亦隨之廢弛下來！[180] 直到萬曆三十

究室編，《明實錄閩海關係史料》，萬曆十九年八月甲午條，頁 86。）遂於萬曆十九年八月時奏請「歲解濟邊銀兩，乞為存留；推補水寨將領，宜為慎選。至於增戰艦、募水軍、齊式廓、添陸營，皆為制勝之機，足為先事之備」（見同前書。）；接著，同月趙又因先前局勢承平，沿海水、陸官兵以及水寨、遊兵船艦額數多以減處，遂奏請朝廷將原先欲解邊銀銀存留下來，用以增置官兵、船艦以應變局，包括有「五（水）寨共添福、烏 [誤字，應「鳥」]船四十隻，海壇遊（兵）增福船一隻、鳥船四隻，浯銅遊（兵）增福船二隻、烏[誤字，應「鳥」]船四隻：共用船價銀五千九百餘兩；應增器械、火藥，約用三千餘兩。北、中二路共增浙兵三營共一千九百名有零，歲增餉二萬四千七百餘兩，其銀宜留解邊錢糧支用」（見同前書，萬曆十九年八月乙巳條，頁 87。），以上奏請二事皆獲中央兵部的支持。

[179] 　請參見臺灣銀行經濟研究室編，《明實錄閩海關係史料》，萬曆二十五年七月乙巳條，頁 89。

[180] 　先前明政府因應倭人可能入犯諸多的措舉，如嚴接濟之禁、調客兵以增防、增加戰船和水兵的數額……等，卻隨日軍撤兵朝鮮而廢弛下來，前述的澎湖

七年（1609）日本出兵控制琉球，閩海局勢變得較前緊張之後，明政府亦又始戮力海防以恐有變，例如閩撫陳子貞並曾經為此，親身「視師海上，修明前（巡）撫趙參魯之政」。[181]萬曆四十年（1612）以後，琉球的情勢似乎稍有緩和下來，然而，在背後控制琉球的日本究竟有何企圖或目的，卻讓明政府不敢掉以輕心，中央的兵部便認為，「倭不可不備；備非徒設，在務得其情以制禦之。……所在沿海撫、道、鎮將湔此宿弊，查虛冒、習水戰、嚴軍律；而又委任得人，移駐海上，躬自簡閱而勸懲行焉：庶其少有濟乎！倭之桀驁似虜，而狡詐過之……」。[182]為此，次年（1613）二月，閩撫丁繼嗣亦奏准〈陳防海七事〉，[183]將閩海防務進行全面性的加強。

遊兵即是一例。萬曆二十六年時，負責澎湖防務共有兩支澎湖遊兵（船四十艘，兵一,六〇〇人）和沿海六個支援的海壇遊兵、南日水寨、浯嶼水寨、浯銅遊兵、銅山水寨和南澳遊兵，總計船五十八艘、兵三,〇〇〇餘人。之後，因日軍撤兵跟著亦裁去半數兵力，亦即「裁去一遊[即澎湖遊兵]，而海壇（遊兵）、南日（水寨）、南澳（遊兵）三處遠哨兵，漸各停發」（見顧亭林，《天下郡國利病書》，原編第二十六冊，〈福建・彭湖遊兵〉，頁113。）。然而，明政府並未因此就完全停止裁軍的舉動，至萬曆二十九年時，澎湖遊兵裁到僅剩約五〇〇人而已，請參見何孟興，〈被動的應對：萬曆年間明政府處理澎湖兵防問題之探討（1597-1616 年）〉，《硓𥑮石：澎湖縣政府文化局季刊》第 61 期（2010 年 12 月），頁 65-69。

[181] 何喬遠，《閩書》，卷之 45，〈文蒞志〉，頁 1129。

[182] 臺灣銀行經濟研究室編，《明實錄閩海關係史料》，萬曆四十年八月丁卯條，頁 108。

[183] 閩撫丁繼嗣的〈陳防海七事〉疏，內容包括有：一、擇用慣海水將，人地相宜久任責成。二、預先督造戰艦，春、冬兩汛輪流兌用。三、調防要區松

三年後，即萬曆四十四年（1616）又發生村山南征臺灣事件，
中日雙方船艦在浙江水域爆發過海戰，之後，接連地又發生
董伯起被擄、料羅大金失事、[184] 倭人送回董伯起、擒撫桃烟
門等一連串的事件，[185] 讓中日關係持續地緊張，進而催生一
系列的兵防變革或增置構思，諸如添設水標遊、[186] 創建浯澎
遊兵、[187] 屯田臺灣的主張……等。[188] 而上述這些的措施，主

山，嚴守由浙入閩門戶。四、移防險塞劉澳，興化海上門庭益固。五、海澄
改設浙兵，兵分水、陸以拒倭犯。六、團造火藥、器械，必求精緻以圖實用。
七、各縣建復土堡，無事儲蓄有警藏避。請參見同前註，萬曆四十一年二月
丁未條，頁112-113。

[184] 萬曆四十四年秋天，浯州兵防要地的料羅發生倭人殺兵奪船事件，同年冬
天倭又在福寧的大金千戶所登岸並燒燬堡城。根據研究，此次料羅、大金
相繼地出事，卻係奉命南下尋覓村山次安下落的桃烟門所為。請參見鄭樑
生，〈明萬曆四十五年東湧平倭始末〉，收入邱金寶主編，《第一屆「馬祖列
島發展史」國際學術研討會論文集》（連江縣：劉立群，1999年），頁59。

[185] 萬曆四十四年，因村山等安見其子次安南下未歸，遂遣桃煙門率船隊等人
前往尋找次安的行蹤。次年五月時，桃烟門卻在福州外海的東沙島，被福建
水標遊參將沈有容所擒撫。有關此，請參見臺灣銀行經濟研究室編，《明實
錄閩海關係史料》，萬曆四十五年八月丙申條，頁120-121；董應舉，《崇相
集選錄》，〈中丞黃公倭功始末〉，頁49-50。

[186] 萬曆四十四年時，閩撫黃承玄奏准，成立一支合計兵一,〇〇〇人、船二十
四艘，歸由閩撫直轄的水標遊擊艦隊（簡稱「水標遊」），由指揮官遊擊將軍
領之，往來策應以待其急，亦即「（春、冬）汛期則分遊南北，遍歷（水）
寨、遊（兵）；汛畢則收入（福州）南臺，時加操練。閩調即發，遇警即援」。
見黃承玄，〈條議海防事宜疏〉，收入臺灣銀行經濟研究室，《明經世文編選
錄》，頁240。

[187] 萬曆四十四年時，閩撫黃承玄對廈門和澎湖的防務問題進行改革，亦即將
原有的浯銅和澎湖二支遊兵做一整合，成立新的浯澎遊兵，設立指揮官欽依
把總一人，下轄有澎湖遊和衝鋒遊協總各一人，該遊有兵船四十二艘，用以

要都是為了備禦日本或倭人入犯而做的，不讓嘉靖倭亂慘劇再度上演則是其重點之所在。

結　語

　　吾人若綜合上述的內容可知，明代福建官民對倭人產生恐慌的「恐倭」心理，係長久以來疑倭、厭倭和懼倭三種心態相互影響下的產物；此一現象，於嘉靖倭亂之後情況尤為明顯。至於，明人「恐倭」心理之源由，可以追溯自明初洪武年間沿海倭患騷擾之問題，它導致中日雙方關係一開始即不和睦；另外，明政府實施的海禁政策和朝貢貿易，不僅造成中日間走私貿易之盛行，並且，還在倭寇來華劫掠的問題上形成推波助瀾的作用。尤其是，嘉靖二年（1523）寧波事件發生，明政府罷設市舶司，中日貨貿正式管道中斷，明政府又嚴格執行海禁，不僅讓先前走私愈為猖獗，連帶地讓倭患的問題變得嚴重，加上，倭人的勢力又被私販引入中國，不僅讓走私的問題愈加地複雜，此時，明政府又兵備廢弛嚴

增強澎湖的防務，對抗入侵臺灣的倭人。

188　萬曆四十四年時，閩撫黃承玄曾奏請，臺灣土壤沃胈，浯澎遊兵官軍若能前往屯田，除可嚇阻走私不法者，並能有效地掌握當地動態外，且經過數年墾殖之後，官兵便可自給自足，而無缺糧斷炊之虞。雖然，黃的上述計畫眼光宏遠，對於臺地掌控上具有實質的幫助，然而，他本人卻在隔年便因丁艱而辭職，其繼任者是否有繼續地執行他的計劃，因相關史料目前闕如，難以得悉其最終結果究竟為何。

重，導致走私愈演愈烈，到最後情勢竟完全地失控，演成荼毒東南沿海十餘年的嘉靖倭寇之亂！

嘉靖倭亂這場被稱為「天地一大劫」的可怕動亂，本文所探討的福建地區，受害亦十分地嚴重，倭寇所犯之處如人間煉獄般，屠戮之慘酷亦為明代史上所罕見者。亦因如此，讓被禍民眾的心中留下難以抹滅的傷痕，並且，直接強烈地助長民眾畏懼和仇厭倭人之心理。雖然，此一心理的源頭，可能源自較早的浙江桃渚、大嵩之暴行，甚或更早的洪武沿海劫掠之時，但確定的是，嘉靖倭亂是明代倭患最嚴重的時刻，它讓民眾受難苦痛達到了最高峰，並在他們心理上留下嚴重的創傷。至於，它對閩地官民心理的影響，主要是表現在「先前疑倭想法愈加地強烈」和「明人『恐倭』心理繼續地茁長」這兩件事上面。對明人而言，中日雙方自洪武建國時便因倭患問題而關係不睦，「疑倭」想法此時已開始滋生，之後，明政府海禁政策和朝貢貿易的措置，導致中日間走私猖獗、倭人來華劫掠⋯⋯等問題頻生，亦讓一般人對日本和倭人多抱持負面的看法！尤其是，後來的嘉靖倭亂其騷動是全面性的，不僅東南諸省皆受其害，而且手段殘暴，歷時又頗久，之後，雖然大規模倭亂已被弭平，但倭人劫掠沿海的問題，在隆慶、萬曆年間卻未完全地斷絕，加上，萬曆中期以後又爆發日本侵略朝鮮、出兵控制琉球，以及村山船隊南犯⋯⋯等一連串可能危害明帝國安全之情事，這些事件不僅讓明人先前疑倭的想法更加地強烈，同時，亦加深他們對倭

人仇厭和畏懼的心理，不僅如此，上述的疑倭、厭倭和懼倭三種心態又糾結在一起，在彼此相互影響下，形成了嘉靖倭亂後特有的對倭人恐慌之「恐倭」心理，而此現象在曾遭受倭害地區的民眾（或其子孫）似又特別地明顯！

最後，有關閩地官民「恐倭」心理呈現之問題，它主要又表現在「民眾恐懼倭亂再現」和「政府防備倭犯重演」這兩方面上頭。一、「官民恐懼倭亂再現」。因為，先前經歷嘉靖倭亂巨大的苦難之後，之後，倭患問題又無法完全地根絕，此亦讓他們心中恐懼，未來是否還會再發生類似的屠戮慘劇？由前文所舉的中日朝鮮役發福清迅速拓城，倭船直航泉城影響水寨遷移，以及倭人送回董伯起福州官民驚慌不安這三個例子，便可發現到一個特殊的現象，亦即「倭人一有風吹草動，大家便即驚恐反應！」由此可知，明代中晚期先前曾遭倭患地區的民眾，是多麼地畏懼倭人，他們害怕昔時燒殺擄掠的恐怖景象可能會再出現！二、「政府防備倭犯重演」。明時，福建兵防或官制之增置變革，多與防倭問題有直接的關連，尤其是，嘉靖倭亂期間是其重要變化的關鍵階段，福建的巡撫、總兵、參將甚或遊兵之始置和興革皆於此時。不僅如此，明代閩地軍事備防之強度，亦與日本、倭人威脅的情況程度成正比，許多的兵防措置或變革都為防倭而設的，因倭人犯刺激而起的，亦即如明初洪武時倭人騷擾沿海，遂有江夏侯周德興擘造福建海防之設施；嘉靖倭亂荼毒慘重，閩地兵防之興革措舉，亦多發於此時；中日朝鮮之役，

東南沿海戒嚴，閩地戮力沿海武備，以應情勢可能之變化；日本出兵控制琉球，閩海局勢隨之緊張，明政府亦又戮力海防以恐有變；村山南犯事件發生後，中日關係變得緊張，進而催生諸如添設水標遊、創建浯澎遊兵或屯田臺灣之主張……等相關的措置。總而言之，上述的兵防變革或增置構思，都是為了防犯日本或倭人而設計的，主要目的便是希望嘉靖倭亂的屠戮悲劇不要再發生！

（原始文章刊載於《止善學報》第 20 期，朝陽科技大學通識教育中心，2016 年 6 月，頁 137-174。）

廈門中左所：
明代閩南海防重鎮變遷之探索

前　言

> 萬曆辛丑四月朔，三山陳第、宛陵沈有容同登茲山，
> 騁望極天，徘徊竟日。
>
> ——廈門‧南普陀寺石刻

　　數年前，筆者前往廈門南普陀寺旅遊時（附圖一：廈門南普陀寺今貌，筆者攝。），聽聞該寺旁側的閩南佛學院學生僧告知，該寺的後山藏有大量古代石刻，值得前去遊覽觀賞。筆者為一探究竟，遂攀爬上了後山陡峭的階梯，果然，藏於樹叢山巖間的歷代石刻，不斷出現在眼前，數量頗為可觀，令人有目不暇給之喜。尤其是，在下山返途中，見到明人沈有容和陳第

二人所留下的石刻，讓筆者印象十分地深刻！雖然，該石刻表面苔蘚侵蝕嚴重，但上頭的字跡尚還可辨識，筆者近而細讀之，發現總數有二十八個字，內容為「萬曆辛丑四月朔，三山陳第、宛陵沈有容同登茲山，騁望極天，徘徊竟日」（附圖二：南普陀寺陳第和沈有容石刻今貌，筆者攝；附圖三：陳、沈二人石刻全文近照，筆者攝。）。其中的「萬曆辛丑四月朔」係指明神宗萬曆二十九年（1601）四月初一日，故鄉福州連江的陳第，[1]和他的好友——南直隸宣城的沈有容，[2]二人一同遊歷昔時的普照寺（即今日南普陀寺），[3]攀登寺後的山巖上，遠眺天際，舒展心緒，美景令人徘徊，終日不忍離去。

---

[1] 陳第，字季立，號一齋，福州連江人，著有《一齋集》、《毛詩古音考》、《屈宋古音義》……等書。

[2] 陳第較沈有容年長，刻石排序名字在其前面。陳第係福建福州府連江縣人，沈有容是南直隸寧國府（今日安徽省境內）宣城縣人。「三山」是福州之別名，「宛陵」是宣城之古名，故之。

[3] 普照寺，位處廈門島南面的五老山下，清康熙時，施琅曾重建此寺，並更名南普陀寺。史載如下：「五老山　在（廈門）城南六里。山如五老形，故名。【「縣志」。】五峰並列，而無盡巖居其中。【「方輿紀要」。】大石嵌空，其下虛敞。宋僧文翠建普照寺；【「府志」。又按「普陀寺僧譜」：院五代僧清浩建，初名泗洲；宋治平間，改普照院。元至正間廢，明洪武間燬於兵。】寺盛時，常居大眾百餘人。自唐以來，興廢不一，俱名普照寺。國朝康熙間，靖海將軍施琅重建，改名南普陀（寺）」。見周凱，《廈門志》（南投市：臺灣省文獻委員會，1993年），卷2，〈分域略·山川〉，頁20。上文中符號"【」"內的文字，係原書的按語，以下內容若再出現此，意同。另外，筆者為使文章前後語意更為清晰，方便讀者閱讀的起見，有時會在文中的引用句內「」加入文字，並用（）加以括圈，例如上文的「在（廈門）城南六里」，特此說明。

　　上文中的沈有容，[4]此時擔任福建海防水師浯銅遊兵的指揮官，[5]駐防在廈門島上，而好友陳第正值由粵東欲返回故鄉，途中因經過了廈門，遂順道來拜訪他，他們一起來到島上南方的普照寺遊歷，留下了前述的刻文。另外，值得一提的是，就在他們二人遊歷普照寺約一年半後的時間，亦即萬曆三十年（1602）隆冬之際，改任浯嶼水寨指揮官的沈有容，便率領了二十餘艘兵船，頂著狂風巨浪，秘密橫渡大海，越過澎湖，東向臺灣，勦除盤據於此的倭寇；此役，陳第亦隨行其中，並將其所見所聞形諸文字，而這些的詩文，日後亦成為研究臺灣早期歷史的珍貴史料！

　　廈門（附圖四：廈門市區今貌，筆者攝。），又名鷺門、鷺江或鷺島，位處泉、漳二府交界九龍江河口一帶，東南與金門隔海相鄰，該島因位置貼近海岸線，和內地僅一水之隔，交通往來十分地方便。明初時，便在廈門島上設有中左守禦千戶所和塔頭巡檢司，日後，又有浯嶼水寨、浯銅遊兵、南路參將、浯澎遊兵和泉南遊擊，甚至於，福建總兵陸續進駐於此……，

4　沈有容，安徽宣城人，字士宏，號寧海，萬曆七年武舉出身，曾任福建的海壇遊兵、浯銅遊兵和浯嶼水寨把總，浙江的都司僉書、溫處參將，以及福建的水標遊擊參將……等水師要職，後官至山東登萊總兵。卒時，朝廷贈予都督同知銜，並賜祭葬，以褒其功。

5　請參見沈有容自傳稿〈仗劍錄〉，載於姚永森〈明季保臺英雄沈有容及新發現的《洪林沈氏宗譜》〉，《臺灣研究集刊》，1986年第4期，頁88。另外，浯銅遊兵於穆宗隆慶四年成立，駐防在廈門中左所，它和同年成立的海壇遊兵，並列為明代福建海島中最早設立的兩支遊兵。

使廈門在明代中晚期時，發展成為泉、漳沿海首屈一指的海防
重鎮。本文，即以廈門為何會發展成為明代閩南海防重鎮的源
由及其變遷經過，做為研究的主題，並利用「明初時的廈門佈
防」、「浯嶼水寨遷入廈門」、「浯銅遊兵駐地廈門」、「南路參將
進駐廈門」、「浯澎遊兵駐箚廈門」和「天啟以後廈門景況」等
六個章節，做一論述和說明。最後，因囿於個人學養淺薄，文
中若有論點偏頗或不足之處，祈請學界方家指正之。

一、明初時的廈門佈防

筆者要討論明初廈門佈防之前，有必要對廈門的歷史源
由，做一扼要的說明。廈門，亦即嘉禾嶼，明代時又稱「中左
所」，係因太祖洪武（1368-1398）時設置中左守禦千戶所於此。
明人何喬遠在《閩書》卷之十二〈方域志〉中，曾對廈門的地
理位置，做過如下的描述：

> 嘉禾嶼　嶼在海中，去（同安）縣七十里，在其南。
> 以嘗產嘉禾名。又名廈門、又名鷺嶼。今中左所在其
> 中，防扼海門，險地也。[6]

首先是，「廈門」一詞的由來，根據筆者推估，廈門原先疑是

6　　何喬遠，《閩書》（福州市：福建人民出版社，1994 年），卷之 12，〈方域志〉，
頁 271。

嘉禾嶼島上某處的地名，之後，才衍變成全島的稱呼。[7]因為，吾人若翻開明代史書，便可發現到，早在孝宗弘治二年（1489）成書的《八閩通志》，即已出現「廈門」的地名，書中指道：「中左千戶所城　在同安縣南嘉禾嶼廈門海濱……」，[8]得悉廈門位在嘉禾島中的濱海地帶。另外，萬曆（1573-1620）年間，陽思謙纂修的《泉州府志》亦載道：「國朝，洪武初，以郡治建泉州衛，旁列五所，已迺城水澳為永寧衛，城小兜為崇武所，城廈門為中左所……」，[9]亦即明政府在嘉禾嶼上的廈門，構築中左千戶所城。同時，亦因為明政府設立中左千戶所於嘉禾嶼上，並構築中左所城於廈門處，此一情況，並導致明時「廈門」、「嘉禾嶼」、「中左所」和「廈門中左所」數個稱呼混淆使用，都是用來指嘉禾嶼而言！但是，用「廈門」一詞做為嘉禾嶼全島的稱呼，入清以後才較為普遍！至於，明時稱嘉禾嶼的廈門，早在唐、宋年間即有村落存在，而當地發展成為市鎮，則要到明洪武構築中左所城以後。有關此，清人薛起鳳在《鷺江志》

7　廈門的情況，可能和臺灣地名的由來有些相似。臺灣，明代史書又作「大員」、「臺員」或「大灣」，荷蘭文稱 Tayouan，位處今日臺南安平一帶，後來，因指稱範圍擴大，由臺南變成臺灣島的全稱，亦即臺灣原係僅指臺南安平而已。

8　黃仲昭，《（弘治）八閩通志》（北京市：書目文獻出版社，1988 年），卷之13，〈地理〉，頁 8。

9　陽思謙，《萬曆重修泉州府志》（臺北市：臺灣學生書局，1987 年），卷 11，〈武衛志上〉，頁 2。水澳，位處泉州晉江縣東部海邊，元時改名為永寧，明初置永寧衛，並構築衛城於此。小兜，即明代崇武守禦千戶所城的所在地，在泉州惠安縣境。

〈總論〉中，便曾語及道：

> 鷺島[按：即廈門]者，泉（州）南（方）海島也，以
> 其為泉（州）之門戶，故曰「門」也，地屬銀同，去
> （同安）邑治七十里，四面環海，從橫三千里許，名
> 山秀才，自為結構。唐宋以來並為村墟，明洪武時建
> （中左）所城，領以千戶，而市鎮之設自此始矣。[10]

其次是，明政府在廈門佈防一事，亦源起於洪武年間。明剛值
建國不久，倭寇即侵擾東南沿海，洪武帝為根絕此患，派遣江
夏侯周德興南下福建邊海擘建防務。[11]周抵閩後，便在沿海推
動墟地徙民的工作，將島嶼居民強制遷回內地，藉以剷除島民
提供倭盜訊息、補給和嚮導的機會，而此一工作是全面性的，
實施的對象幾乎涵蓋絕大多數的福建島嶼，例如竿塘（今日馬
祖）、海壇、南日、湄洲、小練、南澳……，連遠在海中的澎
湖亦在其中。但是，廈門卻和鄰側的浯洲（今日金門島）、烈

10　薛起鳳，《鷺江志》(北京市和廈門市：九州出版社和廈門大學出版社，2004
　　年)，〈總論〉，頁 83。文中的「銀同」，即泉州同安的別名。另外，上文中
　　出現"[案：即廈門]"者，係筆者所加的按語，本文以下的內容中若再出現
　　按語，則省略為"[即廈門]"，特此說明。

11　周德興，濠州人，明開國功臣，洪武帝封為江夏侯，史載如下：「周德興，
　　濠人。與太祖[即洪武帝]同里，少相得。從定滁和。渡江，累戰皆有功，邊
　　左翼大元帥。……洪武三年封江夏侯，歲祿千五百石，予世券。……德興至
　　閩，按籍僉練，得民兵十萬餘人。相視要害，築城一十六，置巡（檢）司四
　　十有五，防海之策始備」。見張其昀編校，《明史》(臺北市：國防研究院，
　　1963 年)，卷 132，列傳第 20，〈周德興〉，頁 1674-1675。

嶼（俗名小金門）未被明政府墟地徙民，根據筆者的推估，廈、浯二島可能因同時擁有人口、地理、經濟和戰略諸多之特殊條件，故成為極少數未被墟地徙民的島嶼，加上，二島地點又貼近內岸，尤其是廈門，關乎內地安危甚深，假若不派兵駐防，一旦為敵寇所據，後果難以想像。[12]然而，廈門旁側的鼓浪嶼，卻無法如此地幸運，該島「在嘉禾（嶼）[即廈門]海中，民居之。洪武二十年，與大嶝、小嶝（嶼），俱內徙」，[13]亦即和金門北側的大、小嶝島一併被明政府墟地徙民！同時，亦因廈門係扼控泉、漳二府海上之交界，又處九龍江河口，戰略地位特殊（附圖五：明代福建漳泉沿海示意圖，筆者繪製。），它的重要性，如明人池顯方所說：

> 鷺門[即廈門]于漳（州）為唇齒，泉（州）為咽喉，
> 外捍泉（州）、漳（州）則為手足，內次彭（湖）、金
> （門）則為腹心，百貨之必經，羣艅之畢輳，最生心
> 易動之所，則地難也。[14]

即因如此，洪武二十年（1387）時，周德興便在廈門島上南面

---

[12] 有關此，請參見何孟興，《浯洲烽煙－明代金門海防地位變遷之觀察》（金門縣：金門縣政府文化局，2013 年），頁 35-36。

[13] 何喬遠，《閩書》，卷之 12，〈方域志〉，頁 272。

[14] 池顯方，《晃巖集》（廈門市：廈門大學出版社，2009 年），卷之 12，〈贈浯彭游陳將軍調任序〉，頁 257。文中的「艅」，係指船隻集結成隊之意。

朝海處，設立了塔頭巡檢司，[15]並且，構築有堡城一座，史載，
「塔頭巡檢司城　周圍一百四十丈，廣八尺，高一丈七尺，為
窩鋪凡四，南北闢二門」。[16]另外，該巡司並配置弓兵一〇〇名，
[17]用以維護島上的治安防務工作。塔頭（附圖五：明代福建漳泉
沿海示意圖，筆者製。），位在廈門南面岸邊，西鄰曾厝垵，面
對大擔島，[18]遠眺大海，戰略地位重要。

　　至於，前所提及的中左守禦千戶所，則遲至洪武二十七年
（1394）時，才由都指揮謝柱，遷徙建寧衛的中、左二千戶所
的官軍創建，[19]另外，亦有說法指稱，中左所係遷移附近永寧
衛的中、左二千戶所官軍而來的。[20]但是，吾人若以地緣上來
看，後者的說法似乎可能性較高。至於，廈門中左所的官軍編
制究竟如何，清人周凱《廈門志》卷三〈兵制考〉中，曾有以
下的記載：

　　　　（中左守禦千戶所）設指揮正千戶一員、副千戶一員、
　　　　指揮百戶一員、鎮撫一員，隸福建都指揮使【「府志」：
　　　　『千戶正五品、副從五品、百戶正六品、鎮撫從六

15　請參見黃仲昭，《（弘治）八閩通志》，卷之41，〈公署〉，頁13。

16　同前註，卷之13，〈地理〉，頁7。

17　請參見陽思謙，《萬曆重修泉州府志》，卷11，〈武衛志上・弓兵〉，頁7-8。

18　請參見傅祖德主編，《中華人民共和國地名辭典：福建省》（北京市：商務印
　　書館，1995年），頁66。

19　請參見黃仲昭，《（弘治）八閩通志》，卷之41，〈公署〉，頁21。

20　請參見同前註，卷之13，〈地理〉，頁8；薛起鳳，《鷺江志》，〈廈門城〉，頁
　　94；周凱，《廈門志》，卷3，〈兵制考・歷代建制〉，頁79。

品』。】，額兵一千二百四名。至萬曆時，僅存六百八十四名。營房九百八十七間，在（中左）所城內。[21]

由上可知，中左所設有正千戶一名，副千戶、指揮百戶和鎮撫各一名，額軍共一，二○四名。其他，尚有教場（位在所城南門外）、營房（共九百八十七間）、埤寨（共二處）和烽燧（共八處）等相關的設施；[22]不僅如此，中左所亦構築有堡城一座，其規模不可謂小，《八閩通志》嘗載道：「中左千戶所城　在同安縣南嘉禾嶼廈門海濱，洪武二十七年徙永寧衛的中、左（二）千戶所官軍於此，守禦築城。周圍四百二十五丈九尺，高連女墻一丈九尺，為窩鋪二十有二，東西南北闢四門，各建樓其上」。[23]

雖然，洪武年間在廈門島上佈署有塔頭巡檢司和中左千戶所，但是，整體而言，廈門的兵力佈署與其鄰側浯洲嶼一所四巡司－－金門千戶所以及官澳、田浦、陳坑、峯上巡檢司（皆於洪武二十年設立）相比，不僅薄弱了許多，甚至於，連中左所的設立時間亦晚於金門所，其原因主要在於，浯洲位處廈門的外側（附圖五：明代福建漳泉沿海示意圖，筆者繪製。），係屏障泉、漳二府的前哨島嶼。因為，此際周德興採取了「外圍若鞏固，內部便安穩」的佈防思維，除了在前哨屏障的浯洲和

---

[21]　周凱，《廈門志》，卷3，〈兵制考・歷代建制〉，頁79-80。

[22]　請參見黃仲昭，《(弘治) 八閩通志》，卷之41，〈公署〉，頁21。

[23]　同前註，卷之13，〈地理〉，頁8。

烈嶼（洪武二十年設巡檢司）共佈署了一所五巡司外，還在附近九龍江海口外、同屬海岸線外緣的浯嶼，設立了水寨兵船（時間亦在洪武二十年左右），透過上述層層的防護措置，來保衛泉、漳內地百姓的安全，並以達到「守外禦敵」的戰略目標。[24]然而，隨著時間的推移，外在環境發生了變化，浯嶼水寨由海口外的浯嶼遷入廈門，此一舉措，卻讓廈門未來走向發生重大的改變！

二、浯嶼水寨遷入廈門

浯嶼水寨，[25]原先是設在廈門南方的海島上，亦即漳州和泉州的交界、九龍江河口外的浯嶼，約在明代中期時，被福建地方當局遷入河口處的廈門，此一舉措，亦讓廈門的海防地位頓時改觀，日後，更發展成為漳、泉沿海首屈一指的海防重鎮！至於，浯寨遷入廈門的時間，史書眾說紛紜，[26]根據筆者推估，

24　有關此，請參見何孟興，《浯洲烽煙——明代金門海防地位變遷之觀察》，頁49-54。

25　「水寨」一詞，用現今術語來說，性質類似今日海軍基地。因為，備倭禦盜之需要，明代福建的水師設有兵船，於海上執行哨巡、征戰等任務。水寨，不僅是水軍及其兵船航返岸泊的母港，同時，亦是兵船補給整備、修繕保養的基地，以及官兵平日訓練和生活起居的處所。請參見何孟興，《浯嶼水寨：一個明代閩海水師重鎮的觀察（修訂版）》（臺北市：蘭臺出版社，2006年），頁11-12。

26　根據史書記載，筆者歸納出四種不同的說法。一、正統初年，由侍郎焦宏主其事。二、景帝景泰年間，由巡撫焦宏主事之。三、憲宗成化年間。四、嘉

該寨遷入該島，應不晚於孝宗弘治二年（1489）。因為，連世宗嘉靖（1522-1566）時胡宗憲的《籌海圖編》都慨指，浯寨「不知何年建議遷入夏門〔即廈門〕地方」，[27]吾人今日要完全正確去斷定該寨內遷時間，誠屬不易。有關此，《八閩通志》卻提供給吾人一條重要的線索，指道：

> 浯嶼水寨　在（泉州）府城西南同安縣嘉禾（嶼）。舊設于浯嶼，後遷今所，名中左所。[28]

因為，《八》書完成於弘治二年（1489），而上文中又提及「後遷今所」，指浯寨當時已遷入中左所，由此可證明，浯寨遷入該處應不晚於此；[29]另外，依史料看來，此舉疑係出於福建地方當局的私意，因為，浯洲人洪受在〈議水寨不宜移入廈門〉一文中，便曾指道：「浯嶼之地，特設水寨，選指揮之勇略者一員，以為把總，仍令各衛指揮一員，及千百戶輸領其軍，往聽節制。……其移於廈門也，則在腹裡之地矣。（浯嶼水寨）所移之時，莫得詳考，或云在景泰中，然非由於上請也。故今

靖年間。請詳見何孟興，《浯嶼水寨：一個明代閩海水師重鎮的觀察（修訂版）》，頁 158-160。

[27]　胡宗憲，《籌海圖編》（臺北市：臺灣商務印書館，1983 年），卷 4，〈福建事宜・浯嶼水寨〉，頁 23。

[28]　黃仲昭，《（弘治）八閩通志》，卷之 41，〈公署〉，頁 22。

[29]　以上的內容，請參見何孟興，《浯嶼水寨：一個明代閩海水師重鎮的觀察（修訂版）》，頁 160-161。

之文移，恆稱浯嶼，不曰廈門云。」[30]亦即日後官府公文往來仍沿用「浯嶼」，不以「廈門」稱呼該水寨，即是一明證。[31]

至於，浯嶼水寨會遷入廈門，原先駐地位處孤遠的海上是主因，清人周凱《廈門志》便指出，浯寨「孤懸海中，移廈門中左所」。[32]浯洲人蔡獻臣對此問題看得更透徹，說道：

> 浯嶼水寨，原設於舊浯嶼山外，不知何年建議，與烽火、南日一例，改更徙在廈門。說者謂，浯嶼孤懸海中，既少村落，又無生理，賊攻內地，哨援不及，不如退守廈門為得計。[33]

蔡明白地指出，該水寨被遷離浯嶼的原因，就是有人認為該島孤懸海中，島上「既少村落，又無生理」，生活條件不理想，加上，距離內地較遠，萬一敵寇進犯時，有哨援不及的缺點。由上可知，浯嶼因地處孤遠，戍寨官軍有現實生活上的困擾，以及寇侵時應援難及的恐懼，這才是問題根源之所在；而且，此時明政府考慮問題的重點，是水寨周遭的生活條件如何，以及如何讓戍寨的人員，有較方便、舒適的工作環境，同時，亦

---

30 洪受，《滄海紀遺》（金門縣：金門縣文獻委員會，1970 年），〈建置之紀第二・議水寨不宜移入廈門〉，頁 7-8。

31 有關上述的內容，請詳見何孟興，《浯嶼水寨：一個明代閩海水師重鎮的觀察（修訂版）》，頁 161-163。

32 周凱，《廈門志》，卷 3，〈兵制考・歷代建制〉，頁 80。

33 蔡獻臣，《清白堂稿》（金門縣：金門縣政府，1999 年），卷 8，〈同安志・防圉志・浯嶼水寨〉，頁 639。文中的舊浯嶼，即是浯嶼。

站在此一角度去處理問題。於是，位置地點貼近內岸、人口不少的廈門，[34]因與內地往來方便，生活條件不差，而且，軍需補給容易，又有港澳可提供船艦泊靠，便成了浯寨兵船基地新址的理想地點！

至於，新的浯嶼水寨位址，係在中左千戶所城外，[35]水寨的辦公衙署是設在所城西門外的大教場。[36]另外，該寨的外表樣貌，可能和先前在浯嶼時差別不大，亦即設在岸澳水邊，以方便兵船泊靠作業，其外圍當築有城牆和砲臺，而此新建的寨城，據說是一長形的建築。[37] 因為，浯寨的遷入，廈門便取代了浯嶼，不僅成為泉州地區最重要水師的兵船基地，同時，亦是附近的衛、所——包括漳州、永寧二衛，以及福全、金門千戶所的官軍（附圖五：明代福建漳泉沿海示意圖，筆者繪製。），[38]分成上、中、下三班輪流來此屯駐的兵防要地。[39]總之，浯

---

34 早在弘治初年時，嘉禾嶼和旁側的鼓浪嶼，即各有民戶二,○○○餘家，合計共約四至五,○○○家。至於，洪武時，鼓浪嶼雖被墟地徙民，然卻於成化六年時復其舊，民眾可徙居於此。請參見黃仲昭，《（弘治）八閩通志》，卷之7，〈地理‧山川‧泉州府〉，頁12。

35 請參見蔡獻臣，《清白堂稿》，卷10，〈答南二撫泰院〉，頁851。

36 請參見周凱，《廈門志》，卷2，〈分域略‧官署〉，頁51。

37 請參見李熙泰等，《廈門景觀》（廈門市：鷺江出版社，1996年），廈門文化叢書第一輯，頁79。

38 浯嶼水寨官軍的成員，除來自上述的漳、永二衛和福、金二千戶所之外，有部分史料亦指出，永寧衛轄下的崇武所有時亦會派兵參與輪戍浯嶼水寨，以分攤福全、金門二所的工作。請參見何孟興，《浯嶼水寨：一個明代閩海水師重鎮的觀察（修訂版）》，頁113。

39 請參見顧亭林，《天下郡國利病書》，原編第26冊，〈福建‧水兵〉，頁55。

寨內遷一事影響廈門的十分地深遠，它開啟了該島發展成為明代中後期閩南海防重鎮的關鍵契機！

三、浯銅遊兵駐地廈門

明代中葉，明政府因對邊海的控制力薄弱，海上走私貿易情況猖獗，此事起因在於海禁政策讓走私有利可圖，沿海的勢豪大族私置違法的通海大船，部分民眾為謀求生計亦附和之，私自武裝出海貿易，形成了海上武裝走私集團，加上，此際倭人和葡萄牙人亦加入走私的行列，前來中國沿海活動，讓整個問題變得益形地複雜。之後，更因部分不肖的走私者勾結倭人，由海商變了成海盜，劫掠沿海百姓財貨，終於演成了嘉靖中晚期嚴重的倭寇之亂，荼毒東南沿海十數年。

嘉靖倭亂平定後，福建巡撫譚綸、總兵戚繼光等人因見浯嶼水寨遷入廈門後，衍生倭、盜乘機巢據浯嶼，並以此為跳板，四出劫掠的嚴重後果，[40] 便曾建議將該寨遷回原創舊址的浯嶼，但是，此一建議卻未遭明政府所採用。同時，亦因浯寨僻處內港的廈門，無法偵知外海動態的缺失情形下，明政府有鑑於此，遂為彌補此一海防漏洞，曾於嘉靖末年時，抽調泉州的浯寨以及漳州的銅山水寨中部分的水軍，春、冬汛期時前往

---

[40] 有關此，請參見何孟興，〈明嘉靖年間閩海賊巢浯嶼島〉，《興大人文學報》，第 32 期（2002 年 6 月），頁 792-802。

泉、漳外海巡防。不僅如此，隆慶（1567-1572）以後，明政府為了擴大實踐譚綸、戚繼光五水寨「正遊交錯，奇正互用」的海防構思，[41]遂在水寨和水寨之間的島嶼或水域增設了遊兵。其中，隆慶四年（1570）時，明政府便在浯寨和銅山水寨之間的海域，佈署另一支機動的打擊部隊－－浯銅遊兵，藉以彌補浯寨內遷廈門後，無法偵知外海動態的缺失。

浯銅遊兵，設有指揮官－－名色把總，[42]而專事策應、無固定信地和毋分疆界追敵－－亦即扮演「奇兵」的角色，是其主要之工作。[43]該遊兵於每年春、冬汛期時，兵船止泊浯洲料羅，聽候明政府機動調度，出海執行勤務；收汛後，兵船則駛入母港基地－－廈門中左所泊靠。根據史料研判，浯銅遊兵汛期止泊料羅，聽從明政府機動調派出海執勤，收汛後返航泊駐廈門，此方式似乎實施一段時間，疑至萬曆以後，浯銅遊兵性

---

[41] 嘉靖四十二年時，閩撫譚綸、戚繼光奏請朝廷，將五水寨分為正兵和遊兵，其中，烽火門、南日、浯嶼三水寨為正面當敵的正兵，小埕、銅山二水寨為伏援策應的遊兵，正、遊二兵相間，正、奇互為運用，同時，並清楚地劃分各水寨的汛地範圍，以及嚴格執行各寨間的會哨制度，來對付入犯的敵人。請參見譚綸，《譚襄敏奏議》（臺北市：臺灣商務印書館，1983 年），卷 1，〈倭寇暫寧條陳善後事宜以圖治安疏〉，頁 13-14。

[42] 明時，把總是中、低階的軍官，並有「欽依」和「名色」的等級區別，「用武科會舉及世勳高等題請陞授，以都指揮體統行事，謂之『欽依』。……由撫院差委或指揮及聽用材官，謂之『名色』。」（見懷蔭布，《泉州府誌》（臺南市：登文印刷局，1964 年），卷 25，〈海防·附載〉，頁 10。）一般而言，福建的水寨指揮官係欽依把總，而遊兵則為名色把總。

[43] 請參見不著編人，《倭志》（南京市：國立中央圖書館影印，1947 年），收入玄覽堂叢書續集第 16 冊，〈為摘陳一得以裨邊防事〉，頁 126。

質改變而和浯嶼水寨近似，有固定防禦轄區的信地――包括料羅和舊浯嶼（即浯嶼），[44]不再專事策應而已。但是，到了萬曆二十年（1592）時，因日本侵犯朝鮮，閩海局勢緊張，明政府又做了新的決定，將浯銅遊兵再改回原先的――汛期止泊料羅，機動聽調以應寇警的執勤方式。[45]至於，浯銅遊兵的組織編制，則大致如下：「浯銅遊兵：名色把總一員，兵五百三十六名【糧（餉）亦（福建）布政司發給】，駐中左所。又衛所貼駕軍三百名，冬、鳥等（兵）船二十二隻」。[46]

由上可知，隆慶四年（1570）以後的廈門，除了是泉州最強大的水師――浯嶼水寨的母港基地外，同時，又有新設立汛防泉、漳海域的浯銅遊兵駐泊於此，廈門在閩南海防角色的扮演上，有愈來愈重要的發展趨勢！

44　「舊浯嶼」一詞，常出現在明、清閩海的史料中，那為何浯嶼要稱做「舊」浯嶼？主要是明初設浯嶼水寨於浯嶼，「浯嶼」二字常是浯嶼水寨和浯嶼的簡稱。但是，浯嶼水寨後來遷入內港的廈門，到萬曆三十年時，又再度北遷到泉州灣灣的石湖。此時，明人亦有以「浯嶼」，來續稱已遷至廈門或石湖的浯嶼水寨。至於，原先的浯嶼小島，為使清楚區別而改稱為「舊浯嶼」，此應為「舊浯嶼」的名稱由來。

45　參見不著編人，《倭志》，收入玄覽堂叢書續集第 16 冊，〈為摘陳一得以裨邊防事〉，頁 126。

46　懷蔭布，《泉州府誌》，卷 24，〈軍制・水寨軍兵〉，頁 34。文中的「貼駕征操軍」，即每年春、冬二汛時，由沿海衛、所派撥具有航駛兵船專長的官軍，前去附近的水寨或遊兵處支援，用以執行海上的哨巡、戰鬥……等勤務，謂之。

四、南路參將進駐廈門

萬曆二十年（1592），日本大舉進兵朝鮮，明政府派軍往赴援助，中日戰爭於是爆發，而此次變局中，廈門的海防重要性又再次地提升，成為泉、漳沿岸首屈一指的海防重鎮。因為，從該年起，於每年倭人可能乘風入犯的春、冬汛期，[47]明政府將駐鎮在漳州南部銅山島上的南路參將，北移改駐在廈門中左所，用以居中調度軍隊，以便迅速因應變局，此情況一直持續至萬曆四十年（1612）以後。

南路參將，係泉、漳沿海最高的軍事指揮官，「標下額設中軍把總、哨探、掌號、旗牌官、塘報親兵、家健八十六員名」。[48]雖然，南參衙署設在漳州府城，[49]但每年海防勤務最重要五個月的汛期，卻是駐防在廈門島上，來統籌泉、漳沿海防務工作之進行。萬曆四十年（1612）撰修的《漳州府志》，[50]曾詳載

---

[47] 明代水師在春、冬二季時必須出海遊弋，以備乘北風入犯的倭人，故兵防上有所謂的春汛和冬汛兩個時段，大體上而言，春汛共三個月，若以陽曆來計算，大約每年的三月二十五日起至六月二十五日，冬汛則有兩個月，約自十月十日至十二月十日為止。

[48] 袁業泗等撰，《漳州府志》（臺北市：漢學研究中心，1990 年；明崇禎元年刊本），卷 15，〈兵防志・兵防考〉，頁 14。

[49] 南路參將衙署設在漳州府城西側，嘉靖四十一年時，由南路參將楊緝營建之。楊，直隸武平衛指揮，嘉靖三十二年武進士，四十年任此職。請參見袁業泗等撰，《漳州府志》，卷 15，〈兵防志・兵防考〉，頁 14。

[50] 文中的《漳州府志》，始修於萬曆四十年首夏，完成於萬曆四十一年孟春，由漳州知府袁業泗負責纂修。袁業泗，江西宜春人，萬曆二十六年進士，四十年十一月擔任漳州知府一職。

南路參將的源由編制，首先是沿革的部分，內容如下：

> 南路叅將【按，叅將官級亞于漳潮副將，而序次在前者，
> 以漳（州）為所專轄也。】 漳州南路叅將原未有專設。
> 嘉靖二十八年，浙直軍門朱紈題請福建添設叅將一員。
> 至三十五年巡撫王忬題改設水、陸叅將二員，然未有專
> 管汛地。三十八年，巡撫劉燾題請福建分南、北、中三
> 路，添設叅將三員，以漳州為南路，併水、陸為一叅將
> 奉勅分守。[51]

南路參將源起於嘉靖倭亂時，閩省先於嘉靖二十八年（1549）在
總兵底下增置參將一員，到三十五年（1556）時參將改而分增為
水、陸二路；三十八年（1559）時，又再改水、陸二路為北、中、
南三路，各置有參將或守備一人。其次是，南路參將統轄的水、
陸官軍為何，上述《漳》書亦載如下：

> （南路參將）所轄（有水師）銅山、浯嶼二（水）寨，
> 浯銅、彭湖[即澎湖]二遊（兵），漳州、銅山二浙營（陸
> 兵），陸鰲一土營（陸兵），漳州、鎮海、泉州、永窋[即
> 永寧]四衛，南詔、龍巖、陸鰲、銅山、玄鍾、崇武、
> 福泉[誤字，應「全」]、金門、中左、高浦十（守禦

51　袁業泗等撰，《漳州府志》，卷15，〈兵防志・兵防考〉，頁13-14。

千戶）所，自（泉州）祥芝以至（潮州）大城皆為汛
地，蓋控漳（州）而兼制泉（州）也。[52]

南路參將的防禦轄區，北起泉州灣南岸的祥芝巡檢司，經漳州
的沿岸，南迄閩、粵交界的潮州大城守禦千戶所，所統轄的兵
力幾乎涵蓋了漳、泉二地水、陸、衛、所官軍，其設立主要之
功能在「控漳（州）而兼制泉（州）也」。在萬曆四年（1576）
尚未設立南澳副總兵（又稱漳潮副總兵）以前，南路參將每於
汛期時南下駐防玄鍾，南澳設副將後，則於汛期時改駐銅山，
直至萬曆二十年（1592）時才北移駐防廈門，史載，「萬曆二
十年倭躪朝鮮，議者謂銅山偏處一方，（南路叅將）始兼移駐
中左所，居中調度焉」，[53]即是指此。因為，南路參將在漳、泉
海防扮演十分重要的角色，今為因應倭人可能的南犯，明政府
將其由「偏處一方」的銅山移駐到廈門，以方便其居中調動軍
隊，亦因明政府上述的舉措，讓廈門正式地成為泉、漳沿海兵
防的指揮中心，其海防地位不僅鞏固，而且愈加地重要！

　　此外，除因朝鮮役發南路參將汛期移駐廈門鎮守，亦因之
後中、日衝突持續未解，明政府恐倭人出兵襲犯東南沿海，便
以澎湖為海中險要地，不宜坐棄，遂於萬曆二十五年（1597）起
派兵前往戍防，此為澎湖遊兵之由來，而該遊「專過彭湖防守。
凡汛（期）春以清明前十日出，三個月（後）收；冬以霜降前十

52　同前註，頁 14。
53　同前註。

日出，二個月（後）收」；[54]至於，非汛時節該遊返航內地的母港基地，其中之一便是設在廈門。[55]

五、浯澎遊兵駐劄廈門

由上可知，萬曆二十年（1592）中日朝鮮之役，南路參將進駐了廈門，加上先前即已駐防於此的浯嶼水寨和浯銅遊兵，以及日後非汛時節返航駐此的澎湖遊兵，讓廈門成為泉、漳沿海首屈一指的海防重鎮，雖然，萬曆三十年（1602）浯嶼水寨北遷至泉州灣岸邊的石湖（附圖五：明代福建漳泉沿海示意圖，筆者繪製。），[56]對廈門海防地位的發展多少有所影響，卻無法

---

[54] 陽思謙，《萬曆重修泉州府志》，卷 11，〈武衛志上・信地〉，頁 11。

[55] 請參見周凱，《廈門志》，卷 10，〈職官表・澎湖遊擊〉，頁 365。目前筆者所知，澎湖遊兵非汛時節返航母港基地有二，一是廈門中左所，另一則是漳州海澄（請參見梁兆陽修，《海澄縣志》（出版地不詳：中國書店，1992 年；明崇禎六年刻本影印），卷 1，〈輿地志・山・彭湖嶼附〉，頁 22。）。至於，澎湖遊兵為何有兩個母港，主要和該遊官兵的薪餉係由泉、漳二府共同支應有關。另外，補充說明的是，本文發表於《止善學報》第 18 期時，並無上述這段「此外，除因朝鮮役發……便是設在廈門」之語句，今特別加以補入，特此說明。

[56] 石湖，一名日湖，位在泉州灣北岸的中段，隸屬泉州府晉江縣，係泉州府城的海上門戶。此次，明政府北遷浯嶼水寨，係以鞏固泉州府城安全為主要的考量，其原因主要有三：一、浯寨是泉州轄境最強大的水師，泉城是該府政治、經濟、文化和軍事中心，此時正值欲北遷的浯寨，在討論何處是適當位置的新寨址時，自然會考慮到該府的首善之區。二、泉城位在泉州府整個海岸線中間偏北之地，該處的地理位置，一者正好符合明政府「北面備敵」的海防思維，二者又可改善浯寨寨址偏處南端，北方有變時，寨軍兵船應援不及的窘境。三、泉州城下倭人泊船事件的爆發。此事發生於萬曆三十年四月

扭轉廈門繼續成為海防重地的發展趨勢！因為，接下來明政府對廈門的重視卻是有增無減，首先是，萬曆四十四年（1616）設立的浯澎遊兵，亦以廈門做為駐防的地點。至於，明政府會設浯澎遊兵，起因於該年四月倭人村山秋安船隊南下遠征東番（今日臺灣），閩撫黃承玄為因應此一變局，遂決意統整福建海防前線的澎湖，以及泉、漳兵防指揮中心的廈門之兩地兵力——亦即結合澎湖遊兵和浯銅遊兵，成立一支橫跨今日臺灣海峽兩岸的新水師——浯澎遊兵。透過此，將上述兩者的兵力和防區做一整併，用以增強澎湖的防務，來對抗在東番活動的倭人，並藉此來強化澎湖和廈門間兵防的聯繫功能。

浯澎遊兵，設立指揮官欽依把總一員，駐箚在廈門中左所，下轄有澎湖遊、衝鋒遊協總各一人，[57]該遊總計共擁兵船四十二艘。其中，澎湖遊兵有兵船二十艘，用以汛防澎湖信地，係正面當敵的正兵，歸澎湖遊協總指揮；衝鋒遊有兵船十二艘，係往來澎湖、廈門海上哨巡策應的奇兵，並歸衝鋒遊協總指揮。至於，浯銅遊兵餘下的十艘兵船，[58]則直接歸浯澎遊兵

和六月，前後共有兩次，令明政府產生迫切的危機感，促使它決心加速將浯寨遷移至此，以捍衛泉城的海上安全。請參見何孟興，《浯嶼水寨：一個明代閩海水師重鎮的觀察（修訂版）》，頁183-188。

[57] 協總的位階，介於把總和哨官之間，是明代低階的將領。

[58] 浯銅遊兵原設兵船二十二艘，因為明政府由浯銅、南澳二遊兵各抽調十二艘兵船，去成立一支合計兵一，○○○人、船二十四艘，直屬於閩撫直轄的水標遊擊艦隊（簡稱「水標遊」），故浯銅遊此時僅剩十船。請參見黃承玄，《盟鷗堂集》（臺北市：國家圖書館善本書室微卷片，明萬曆序刊本），卷之二，

指揮官－－欽依把總的指揮，並負責原先浯銅遊兵的防務轄區。由上可知，如何去強化廈門和澎湖間的兵防聯繫，鞏固前線澎湖的防務，並對東番進行有效的監控，以斷絕倭人染指此地的意圖，是此時明政府兵防的工作重點。

萬曆四十四年，閩撫黃承玄奏設的浯澎遊兵，希望能讓廈門和澎湖二地的兵防事權合一且彼此互通，用以固守澎湖、扼控東番，但因澎湖遠處海外與內地往來不便，明政府欲對其做有效掌控似力有未逮，同時，又因浯澎遊兵在體制結構上有著不小的缺陷。因為，浯澎遊兵制度結構的問題，在於先前的浯銅遊或改制後的浯澎遊兵，皆屬泉州海防的官軍，而澎湖、衝鋒二遊卻係兼防泉、漳二府，兩者在隸屬上有所差異。如今，明政府卻以改制升級的浯澎遊兵來指揮管轄澎湖、衝鋒二遊，從體制上來看，顯然是有問題的；再加上，浯澎遊欽總基地設在廈門，欲其遙制大海彼端的澎湖、衝鋒二遊，在技術上已著實不易，而且，澎、衝二遊的行糧係由泉、漳二府共同支應，「彭（湖）去浯（嶼）遠，其二遊[即澎湖遊和增設之衝鋒遊]半隸於漳（州），今邇制浯（嶼）之一枝[指由浯銅遊改制的浯澎遊兵]遙制彭（湖）之二遊[指澎湖、衝鋒二遊]，所制未行於二遊，受制先束於（泉、漳）二郡，不同功而同過，則浯彭（遊兵）之將尤難」的缺失現象，[59]便容易產生出來。亦因浯澎遊

〈條議海防事宜疏〉，頁7。

[59] 池顯方，《晃巖集》，卷之12，〈贈浯彭遊陳將軍調任序〉，頁257。

兵在實際運作上有不少的困難，致使廈、澎兵防合一的理想無法落實。到了天啟元年（1621）時，明政府便撤廢了浯澎遊兵，由其存在時間前後不到六年，便可知道該制確有其窒礙難行之處。[60]

六、天啟以後廈門景況

天啟元年（1621）十一月，明政府撤廢浯澎遊兵之後，改回原先的浯銅、澎湖遊兵。其中，浯銅遊兵指揮官職階亦改為原先的名色把總，並保留增設不久的衝鋒遊兵，亦即澎湖、衝鋒二遊不再似先前，歸由廈門的浯澎遊管轄，澎、衝二遊和回設的浯銅遊兵（亦駐在廈門），彼此之間亦不再有相互隸屬的關係；另外，澎、衝二遊指揮官的職階，似亦改為名色把總。至於，以上的浯銅、澎湖、衝鋒三遊，皆改歸同年（1621）新設的泉南遊擊管轄。至於，明政府會新設的泉南遊擊，主要和廈門當地軍隊的統轄問題有關。因為，春、冬汛期駐防此地的南路參將，此際似已移駐它處，[61]而以廈門為兵防指揮中心的

60　以上內容，請詳見何孟興，〈明末浯澎遊兵的建立與廢除（1616-1621 年）〉，《興大人文學報》第 46 期（2011 年 3 月），頁 146-147。

61　根據清人周凱《廈門志》載稱，南路參將於萬曆二十年由漳州移駐中左所後，該職歷經洪夢鯉（萬曆二十年，始移駐中左所）、吳廣（萬曆二十二任）、朱一龍（萬曆二十四年任）、施德政（萬曆二十五年任）、李楷（萬曆三十四年任）、宗孟（萬曆三十八年任）至徐為斌（任年未詳）為止，請參見該書，卷 10，〈職官表・明職官〉，頁 365-367。萬曆四十年以後，南路參將有可能

漳、泉沿海一帶兵多將廣、營伍龐雜，明政府認為，有必要似
先前設一鎮將以專任之，此為泉南遊擊設立的由來。有關此，
史載如下：

> 天啟元年十一月戊午，新設福建泉南遊擊，裁浯彭[即
> 浯澎]遊欽（依把）總為名色把總，仍改浯彭遊為浯銅
> 遊——從（福建）巡按御史鄭宗周之議也。先是，閩海
> 置將，北路（參將）駐福寧、中路（參將）駐興化、
> 南路（參將）駐漳州。泉郡[即泉州府]陸兵有新、舊
> 兩營，原額八百七十員名；水兵有浯嶼、浯彭[即浯
> 澎]、衝鋒三寨遊，兵船計七十九隻。緣未有專將，乃
> 以水兵隸南路（參將）、陸兵隸中路（參將），事體不
> 便。至是，始設（泉南）遊擊於（廈門）中左所，以
> （新、舊）兩營、（浯嶼、浯彭、衝鋒）三寨（遊）隸
> 之。[62]

移駐它處，目前史料搜羅不易，確切的情況待查。此外，附帶一提的是，筆
者亦曾再查閱袁業泗《漳州府志》（見該書卷 15，〈兵防志·兵防考〉，頁 15。）、
沈定均《漳州府誌》（臺南市：登文印刷局，1965 年）（見該書卷 22，〈兵紀
上·歷代兵制〉，頁 20。）和陳壽祺《福建通志》（臺北市：華文書局，1968
年）（見該書，卷 106，〈職官·明〉，頁 3。）諸書，南路參將亦皆僅載至宗
孟而已；至於，懷蔭布的《泉州府誌》，則無任何相關之記載。

62　臺灣銀行經濟研究室編，《明實錄閩海關係史料》（南投市：臺灣省文獻委員
會，1997 年），〈熹宗實錄〉，天啟元年十一月戊午條，頁 127。上述的「水
兵有浯嶼、浯彭、衝鋒三寨遊」，係指浯澎遊兵尚未撤廢前的景況，特此說
明。

由上可知，新設的泉南遊擊，設有指揮官遊擊將軍一員，駐在廈門中左所，用以統轄泉州水陸兩營、三寨遊官軍，同時，並填補浯澎遊兵欽總撤廢後，廈門缺乏中階以上將領駐守之缺失，吾人由此亦可看出，明政府對海防要地廈門的重視程度！

天啟二年（1622）六月，漳、泉海上面臨一場巨大的挑戰，東來中國尋求貿易機會的荷蘭人，派遣艦隊佔據明帝國領土的澎湖，並在今日馬公島上構築堡壘（附圖六：澎湖風櫃尾荷蘭堡壘遺址今貌，筆者攝。），以為久居之打算。之後，荷人提出進行直接互市的要求，明政府卻以其需先離開澎湖做此談判的前提，荷人怒而改採武力欲迫使其就範，遂派船艦至泉、漳沿岸騷擾劫掠，九龍江河口廈門一帶受創嚴重，尤其是鼓浪嶼（附圖七：鼓浪嶼今貌，筆者攝。），洋商財貨船屋慘遭荷人的燒掠劫奪，時任閩撫的商周祚在奏疏中，即曾指道：

> 紅夷[即荷人]自（天啟二年）六月入我彭湖[即澎湖]，專人求市，辭尚恭順。及見所請不允，突駕五舟犯我六敖。……賊[指荷人]遂不敢復窺銅山，放舟外洋，拋泊舊浯嶼。此地離中左所僅一潮之水。中左所為同安、海澄門戶，洋商聚集於海澄，夷人垂涎。又因奸民勾引，蓄謀幷力，遂犯中左（所），盤據內港，無日不搏戰。又登岸攻古浪嶼[即鼓浪嶼]，燒洋商黃金、房屋、船隻。（紅夷）已遂入泊圭嶼，直窺海澄。我兵

內外夾攻，夷驚擾而逃。（紅夷）已復入廈門，入曾家澳，皆即時堵截，頗被官兵殺傷。[63]

有關此，荷人史料亦有相關的記載，如船長班德固（Willem Ijsbrantsz. Bontekoe）在該年（1622）航海日記中，便語道：

> （十一月）二十五日[即農曆十月二十三日]，我們[指荷蘭人]集合於漳州河口，在一座小島下方投下船錨，這裡村落的居民都逃跑了。我們在那裡發現大約四十頭牲口，當中有一些豬隻、一群雞可以作為補給食物。……我們派出三艘帆船逆河而上，來到一個村落附近，勇敢地與中國人作戰。……二十八日，我們的兩艘笛型船到那裡發射火砲，燒毀村落，帆船也同時發射船上的七座加農砲。……二十九日，我們將船錨收起來，航向另一個城鎮對它開火，他們以加農砲回擊並擊中我們兩次，但我們焚毀了他們的一艘戎克船。……十二月二日，我們再往海岸航行，劫掠另一個村莊，攻擊並放火燒毀如同先前所做的。在一座倉庫中，我們發現藏有二十一大綑絞過的絲線（getwijnd

---

63 臺灣銀行經濟研究室，《明季荷蘭人侵據彭湖殘檔》（南投市：臺灣省文獻委員會，1997 年），〈福建巡撫商周祚奏（天啟三年正月二十四日）〉，頁 1。文中的「六教」，又作「六鰲」，係漳州漳浦的海上門戶，明初即置守禦千戶所於此。

zijdergaren），我們把這些絲線送至其他小船，再運回
到我們的船上去。[64]

同年（1622）十月底，就在荷人侵擾廈門附近水域時，明政府
派遣福建總兵徐一鳴，率軍南下進駐中左所，並以此做為前進
指揮所，準備進勦荷蘭人。次年（1623），新上任的閩撫南居
益，對荷人改採強硬態度，並主張用武力驅逐之，十月時，遂
用密計誘捕登岸廈門的荷將，並以毒酒殺荷人，再用火船進攻
荷蘭船艦，造成荷方不小的損失，[65]謀士陳則賚疑係此次用計
對付荷人的策劃者，因史載稱，「天啟二年壬戌（紅夷）復至，
總兵徐一鳴率師來廈（門），（陳）則賚贊畫軍門，謂：『夷性

---

[64] 林昌華譯著，《黃金時代：一個荷蘭船長的亞洲探險》（臺北市：果實出版，
2003 年），頁 112-113。文中的「漳州河」，荷人通常把漳州和廈門這兩個市
鎮所在地的河和灣稱作漳州河，見威廉・伊・邦特庫撰、何高濟譯，《東印
度航海記》（北京市：中華書局，1982 年），頁 76，註釋 2。另外，《熱蘭遮
城日誌》的荷文註釋，則做成以下的解釋：Revier Tchincheo，漳州河指廈
門與金門所在的海灣，而該書譯者按指為廈門港。見江樹生譯註，《熱蘭遮
城日誌（第一冊）》（臺南市：臺南市政府，2000 年），頁 4，註 20。根據上
面兩個說法，並加以比對地圖，筆者個人臆斷是，荷人所謂的「漳州河」，
應該是指接近廈門港外南面，屬今日九龍江河口、廈門港一帶為中心的河海
交會水域。

[65] 明人在廈門用計襲荷事件的經過，詳載於班德固航海日記之中，見林昌華譯
著，《黃金時代：一個荷蘭船長的亞洲探險》，頁 125-128。關於明人用計襲
荷一事，事後，閩撫南居益亦承認，大軍渡海進攻澎湖，接濟補給上實有困
難，加上，荷船又堅固、砲大射程遠，明軍難施其技，遂被迫採誘殺之計。
請參見臺灣銀行經濟研究室編，《明季荷蘭人侵據彭湖殘檔》，〈總督倉場戶
部右侍郎南居益謹陳閩事始末疏〉，頁 31。

反覆，宜剿、撫並用』。乃詭詞議撫，剋日出家貲募敢死士，椎牛、酒置毒，入夷舟遍觴之；且曰：『今日互市成，中外胥福；盍姑盡醉』？夷喜，飲。則賚急下小艇，趨舟師挾所製油簑，直撲其艦；乘風縱火，夷眾殲焉」。[66]

　　荷人在廈門誘殺事件爆發後，再度對中國實施海上封鎖，然因自身兵力的不足，明人又有防備，故成效並不彰顯。天啟四年（1624）正月初，在澎荷人除向巴達維亞（Batavia，今日印尼雅加達）總部請調援兵外，並且，反映若能放棄澎湖前往臺灣，中國或可允許直接貿易，加上，荷蘭司令官雷爾生（Cornelis Reijersz）又要求任滿時離職。[67]四月底時，巴達維亞決議改派宋克（Martinus Sonck），前去接替雷的職務外，並訓令宋在談判時採取拖延的方法，要讓中國先開放貿易，才可撤離澎湖。然而，宋在六月抵達澎湖時，位在風櫃尾的荷人堡壘已經被渡海而來的明軍團團包圍。因為，在南居益一手策劃之下，明軍早自天啟四年（1624）正月起，便分三個梯次渡海入澎，總數共約有三千人，由南路副總兵俞咨皐負責前線指揮，並受駐箚廈門的福建總兵謝弘儀所節制，[68]準備對荷人展

66　周凱，《廈門志》，卷 13，〈列傳七‧隱逸〉，頁 541。

67　以上的內容，請參見林偉盛，〈荷蘭人據澎湖始末（1622–1624）〉，《國立政治大學歷史學報》第 16 期（1999 年 5 月），頁 27。

68　關於此，請參見兵部尚書趙彥（等），〈為舟師連渡賊勢漸窮壁壘初營汛島垂復懇乞聖明稍重將權以收全勝事〉，收入臺灣史料集成編輯委員會編，《明清臺灣檔案彙編（第一輯第一冊）》（臺北市：遠流出版社，2004 年），頁 223–224；臺灣銀行經濟研究室，《明季荷蘭人侵據彭湖殘檔》，〈兵部題「彭湖捷功」

開一場大決戰。因為，新任司令官宋克見明軍人數甚多無法力敵，遂由旅日海商李旦做為中間的調停人，[69]加上，在澎湖的荷蘭議會又以雙方軍力懸殊、人員補給問題，以及日後貿易取得等因素的考量下，荷人遂於七月初決議放棄澎湖，改往非屬明軍水師信地的臺灣去求發展。

因為，上述荷人侵擾泉、漳期間，人口不少、商業繁盛的廈門一帶，可謂是首當其衝。[70]亦因如此，明政府在逐荷復澎的過程中，除了福建總兵徐一鳴進駐廈門外，甚至，連閩撫南居益亦親臨該島視察軍務，[71]並留下一些的詩篇，[72]且還和繼

殘稿〉，頁 35。謝弘儀，一作謝宏儀或謝隆儀，神策衛人，接替徐一鳴擔任福建總兵，負責逐荷復澎之軍事重任，此際，謝的正式頭銜是「鎮守福浙總兵官」。至於，俞咨臯雖稱南路副總兵或副總兵管南路事，然而，南路參將正式陞格為南路副總兵，明帝賜給關防印記的時間，是在天啟五年逐荷復澎之後，請參見臺灣銀行經濟研究室，《明季荷蘭人侵據彭湖殘檔》，〈兵部題行「條陳彭湖善後事宜」殘稿(一)〉，頁 21。

69　請參見江樹生主譯/註，《荷蘭聯合東印度公司臺灣長官致巴達維亞總督書信集Ⅰ（1622-1626）》（南投市/臺南市：國史館臺灣文獻館/國立臺灣歷史博物館，2010 年），頁 129-133；村上直次郎撰、郭輝譯，《巴達維亞城日記（第一冊）》（臺北市：臺灣省文獻委員會，1970 年），頁 45。

70　有關此，廈門人池顯方在〈呈南思受中丞〉中，便嘗語及道：「憶前癸亥[即天啟三年]歲，內島惱紅夷。鷺門[即廈門]首當衝，家家戔一枝，將士面相顧，公[即閩撫南居益]遂躬誓師。焚艦俘其醜，霧捲見朝曦」。見池顯方，《晃巖集》，卷之 2，頁 30。標題中的「南思受」，即閩撫南居益。南，字思受，號二泰（一作二太），陝西渭南人，萬曆二十九年進士，天啟三至五年任此職。

71　請參見池顯方，《晃巖集》，卷之 4，〈南思受中丞視師海上貽書俯念敬贈〉，頁 98。

72　閩撫南居益蒞廈訪視防務時，便曾撰寫〈視師中左〉兩首，其內容如下：「寧

任的新總兵謝弘儀，一同登臨廈門旁側曾遭荷人燒掠的鼓浪
嶼。[73]故吾人若說，廈門中左所在逐荷之役時，係明政府運籌
帷幄的神經中樞，亦是敵前用兵的指揮中心，似乎一點亦不為
過！其它又如廈門島上鴻山寺後山的摩崖石刻，便曾留有以下
的六十個字：「天啟二年十月二十六等日，欽差鎮守福建地方
等處都督徐一鳴，督遊擊將軍趙頗、坐營陳天策，率三營浙兵
把總朱樑、王宗兆、李知綱等到此攻勦紅夷」，[74]亦是歷史的重
要見證。此外，又因荷人據澎求市侵擾事出突然，不僅驚動到
遠在北京的中央朝廷，甚至於，連平日坐鎮省城福州的巡撫和
總兵，皆風塵僕僕親身南下廈門視導軍務或駐箚指揮，以便就
近掌握驅逐荷人工作之進行，即可知此事之重要性！同時，亦
讓廈門海防地位的重要性，在荷人據澎求市二年的紛擾中，被
強烈地凸顯出來！

　　然而，接下來的時間裏，海防重鎮的廈門亦不平靜。因為，
閩海賊盜的問題似有愈演愈烈之趨勢，[75]活躍者多係本土的海

廓閬天際，縱橫島嶼微。長風吹浪立，片雨挾潮飛。半夜防維檝，中流謹袱
衣。聽雞頻起舞，萬里待揚威」；「一區精衛土，孤戍海南邊。潮湧三軍氣，
雲蒸萬竈煙。有山堪砥柱，無地足屯田；貔虎聊防汛，蛟龍隱藉眠」。見周
凱，《廈門志》，卷9，〈藝文略・詩〉，頁344。

73　請參見池顯方，《晃巖集》，卷之4，〈陪南思受謝簡之登鼓浪嶼和中丞韵〉，
頁99。

74　引自林沙，《話說廈門》（廈門市：廈門大學出版社，1999年），頁90。附帶
一提的是，上文中的王宗兆，清人周凱《廈門志》書中卻作汪宗兆，特此說
明。

75　為何天啟、崇禎年間閩海盜賊如此地昌盛蔓延？它的原因十分地複雜，包括

盜，其中較著名的，有鄭芝龍（又名一官）、楊祿（即楊六）、楊策（即楊七）、李魁奇（又名李芝奇）、鍾斌（即鍾六）和劉香（即香老或劉香老）等人。天啟六年（1626）春天，海盜鄭芝龍泊船廈門、浯洲水域，豎旗招兵買馬，旬月間從者數千人，並勒索富家捐錢以助餉，[76]橫行地方，無視官府之存在！次年（1627）十月，總兵俞咨皋大徵各衛、所官軍，赴廈門會勦鄭芝龍，[77]官軍卻因戰敗而遁走，鄭入據廈門，該地遂成海盜盤據控制的地盤。崇禎元年（1628）二月，俞便因伐鄭敗遁且閩寇縱橫，而遭明政府解職逮問；九月，明政府遂招撫鄭芝龍，並授防海遊擊一職。[78]但是，鄭的手下李魁奇卻背叛而去，並和其他叛鄭的徒眾，除將「（鄭）芝龍堅船、利器、夷銃席捲

有內政的敗壞，米價的騰貴，個人的利慾薰心，以及海禁漸趨嚴格、濱海民眾生理無路……等因素所導致的結果（請參見張增信，《明季東南中國的海上活動（上）》（臺北市：中國學術著作獎助委員會，1988年），頁126-128。），此外，閩海兵防的長期廢弛亦是重要的原因，而此一問題的根源，可追溯自萬曆中期。因為，自倭酋豐臣秀吉身亡，閩海警息之後，海上長期無大規模的寇亂，「承平二十年以來，恬嬉成習，偷惰成風；由上及下，鮮有不溺其職者」（見黃承玄〈條議海防事宜疏〉，收入臺灣銀行經濟研究室編，《明經世文編選錄》（臺北市：臺灣銀行經濟研究室，1971年），頁209。），福建的兵備逐漸地鬆懈下來，水寨、遊兵的弊端亦醞釀而生成。

76　請參見沈定均，《漳州府誌》，卷47，〈災祥・寇亂附〉，頁28。

77　俞咨皋，泉州晉江人，抗倭名將俞大猷之子，襲泉州衛指揮僉事。天啟四年逐荷復澎之役，曾任福建南路副總兵一職，後因收復澎湖有功，陞任為總兵官。

78　請參見陳壽祺，《福建通志》，卷267，〈明外紀〉，頁39。

入海」之外，[79]且在鄭盤據的廈門大事地劫掠，使得當地陷入
一片混亂。有關此，身歷其事的同安知縣曹履泰，便曾指道：

> 李魁奇奪駕大小船百隻，往泊中左（所）外較場，招
> 聚賊夥三千餘人矣。職[即曹履泰]令各鄉總督率鄉兵
> 數千人，於要路堵殺，賊不敢登岸。初六日，鄭芝龍
> 自劉五店而往石井，招募鄉兵數百，借本縣船五十餘
> 隻，以為剿叛[指李魁奇]之計。
>
> 而（李）魁奇等將船盡行駕出矣。意欲先至中左（所），
> 強奪（鄭）芝龍之資。而（鄭）芝龍從陸路馳歸。初
> 四黎明到中左（所）。將（李）魁奇家屬拘入城中。其
> 居魁奇等船，初四午，方知聞（鄭）芝龍拘留家屬。
> 撫賊[指李魁奇和附李的鄭徒眾]一半在船，一半登
> 岸。燒毀（中左所）較場諸鋪戶、搶掠財物。（鄭）芝
> 龍僅有兵六百，脩整軍器防護。其中情態，總不可測
> 也。賊船泊在中左（所）。如此事變，將何結局乎？職
> [即曹履泰]差人偵探，所聞如此。[80]

---

[79] 請參見臺灣銀行經濟研究室編，《鄭氏史料初編》（臺北市：臺灣銀行，1962
年），卷1，〈福建巡撫熊燦揭帖〉，頁22。另外，有關此，荷人資料亦載道：
「在鄭芝龍的一個部將，李魁奇的領導下，又有四百多艘戎克傳脫離官方的
管轄，⋯⋯」。見江樹生譯，《熱蘭遮城日誌（第一冊）》，〈熱蘭遮城日誌第
一冊荷文本原序〉，頁11。

[80] 上面兩段正引文，分別引自曹履泰，《靖海紀略》（臺北市：臺灣銀行，1959
年），〈上熊撫臺〉和〈上蔡道尊〉，頁28和31。

　　之後，李魁奇為鄭芝龍、荷人及海盜鍾斌三方的聯軍所打敗，被鍾斌活捉，逮回了廈門，[81]崇禎三年（1630）正月遭到明政府處決。[82]不多久，鍾斌卻和鄭芝龍發生衝突，遂又在廈門燒掠船隻、搶劫民戶，[83]次年（1631）二月，與鄭反目的鍾斌，在閩、粵交界的南澳遭鄭所擊敗，溺水而死。[84]於是，廈門又再度回到鄭芝龍的完全掌控之下！

　　此外，先前遭明政府逐去臺灣的荷人，因與鄭芝龍等人有走私買賣之關係，荷船亦常來廈門一帶活動，[85]加上，先前「鄭芝龍之剿鍾斌、李魁奇也，夷[指荷人]頗有（助）力焉，芝龍德之，情緣難割，於是（夷）歲歲泊中左（所）」，[86]令有識之士無不寒心！崇禎五年（1632）以後，長期渴望進行直接貿易的荷人，卻因新任閩撫鄒維璉嚴格限制其在沿岸的活動，而和私貿對象的鄭芝龍發生了嚴重摩擦，中、荷雙方終在次年（1633）爆發了戰爭，鄭在九月的浯洲料羅灣海戰中大敗荷

81　請參見江樹生譯註，《熱蘭遮城日誌（第一冊）》，頁 17。

82　李魁奇會被鄭、荷、鍾三方的聯軍打敗的經過和源由，請參見何孟興，〈詭譎的閩海（1628–1630 年）：由「李魁奇叛撫事件」看明政府、荷蘭人、海盜李魁奇和鄭芝龍的四角關係〉，《興大歷史學報》第 12 期（2001 年 10 月），頁 144-153。

83　請參見江樹生譯註，《熱蘭遮城日誌（第一冊）》，頁 25。

84　請參見同前註，頁 43。

85　請參見同前註，頁 39、43、46、47 和 51。

86　鄒維璉，〈奉勦紅夷報捷疏〉，收入臺灣史料集成編輯委員會編，《明清臺灣檔案彙編（第一輯第一冊）》，頁 356。

人，[87]且經此役後，荷人實力嚴重地受損，無力再與鄭進行對抗。接下來，鄭又在崇禎八年（1635）時，將同是盜、販的對手──劉香給消滅掉，此後，福建海域已無人可以來和鄭相抗衡的，廈門便牢靠地掌控在鄭的手上，如此的景況，一直延續到崇禎帝亡國（1644）為止。

總之，廈門雖為泉、漳的海防重鎮，因明國力衰頹，又時值荷人東來中國求市，加上，閩海賊盜問題有愈來愈嚴重之趨勢，導致該地在啟、禎年間，備受荷人和海盜兩股勢力的交相侵擾！不僅，荷人來廈門進行走私或劫掠活動，而各路的海盜亦不遑多讓，鄭芝龍、李魁奇和鍾斌等人，將此視為是競逐的場域或勢力的爭奪地盤，彼此火拼爭鬥、互較長短，甚至於，在此燒殺劫掠，當地百姓商家苦不堪言，最後，被明政府招撫的鄭，擊敗群雄，脫穎而出，成為廈門的實際掌控者。此一光怪陸離的現象，亦是亡國前無力作為的明政府之最佳寫照。

結　論

明初時，洪武帝為防止倭寇侵擾沿海，派遣江夏侯周德興南下福建擘建海防。廈門，因關係內地安危甚深，地點又貼近內岸，故成為極少數未被墟地徙民的島嶼。不僅如此，又因該島扼控泉、漳二府海上之交界，又處九龍江河口，戰略地位特

---

[87]　請參見同前註，頁 350-351；江樹生譯，《熱蘭遮城日誌（第一冊）》，頁 132。

殊，為此，明政府在該島上，設立塔頭巡檢司和中左守禦千戶所，用以保衛泉、漳內地百姓的安全。

然而，影響廈門發展最為深遠，開啟其發展成為明代中後期閩南海防重鎮的，莫過於浯嶼水寨的內遷！因為，該寨原設在漳、泉交界、九龍江河口外的浯嶼，約在明代中期時，被福建地方當局遷入河口處的廈門，時間應不晚於弘治二年（1489）。至於，搬遷該寨的原因是，廈門與內地往來方便，生活條件良好，軍需補給容易，又有港澳可提供船艦泊靠，遂成了浯寨兵船基地新址的理想地點！

隆慶四年（1570）時，明政府為擴大實踐閩撫譚綸、總兵戚繼光五水寨「正遊交錯，奇正互用」的海防構思，遂在水寨和水寨之間的島嶼或水域，增設了遊兵。其中，在浯嶼、銅山二水寨間的海域，佈署了浯銅遊兵，藉以彌補浯寨內遷廈門後，無法偵知外海動態的缺失，而該遊母港基地亦設在廈門中左。此時，廈門除有泉州最強大的水師──浯嶼水寨外，同時，又有新設汛防泉、漳海域的浯銅遊兵駐泊於此，在閩南海防角色的扮演上，該島有愈來愈重要的發展趨勢！

萬曆二十年（1592），日本大舉進兵朝鮮，明政府派軍赴援，中日戰爭於是爆發，在此次變局中，廈門的海防重要性又再次地提升，而成為泉、漳沿岸首屈一指的海防重鎮。因為，明政府將駐鎮漳州銅山的南路參將，於春、冬汛期時北調，改駐在廈門中左所，以便調度軍隊，迅速因應變局。南路參將係泉、漳沿海最高的軍事指揮官，明政府上述的舉措，讓廈門正

式地成為泉、漳沿海兵防的指揮中心。此外，明政府為因應倭警又於二十五年（1597）新設澎湖遊兵，該遊亦以廈門做為兵船返航的母港基地之一。

接下來，明政府對廈門的重視卻是有增無減……。首先是，萬曆四十四年（1616）設立的浯澎遊兵，用以統整福建海防前線的澎湖，以及泉、漳兵防指揮中心的廈門之兩地兵力，該遊指揮官亦以廈門做為駐防的地點。其次是，天啟元年（1621）在廈門設置了泉南遊擊，用以統轄泉州水陸兩營、三寨遊官軍，同時，並填補該年（1621）浯澎遊兵欽總撤廢後，以及南路參將汛期似已移駐它處，廈門缺乏中階以上將領駐箚該地之缺失，由此亦可看出，明政府對海防要地廈門的重視程度！

天啟二年（1622），荷人佔據澎湖，要求互市，並侵擾泉、漳沿海，商業繁盛的廈門、鼓浪嶼一帶，慘遭荷人劫掠受禍甚深，同時，又因該地是泉、漳沿海兵防指揮中心，閩省巡撫和總兵皆十分重視此事，並親身南赴此地視導軍務或駐箚指揮，以掌握驅逐荷人侵擾工作之進行。此際，廈門是明政府逐荷復澎之役，運籌帷幄的指揮中心！四年（1624）時，荷人被明政府逐去臺灣後，海防重鎮的廈門依然不平靜！不多久，閩海賊盜如雨後春筍般地崛起，其中，又以鄭芝龍最引人注目。鄭不僅大破明官軍，佔據廈門為地盤，崇禎元年（1628）還讓敗遁的總兵俞咨皋被解職逮問，同年（1628）鄭還接受明政府的招撫，成為水師的將領。之後，鄭又先後將反目成仇的海盜李魁

奇、鍾斌二人剷除掉，再度地掌控了廈門。不僅如此，他又在崇禎六年（1633）的料羅灣海戰中，大敗與其走私往來的荷人，讓他們實力嚴重受損，無力再與其對抗！兩年之後，鄭又將閩海最後一個強大的對手－－海盜劉香消滅掉，接下來，直至崇禎帝明亡國（1644），廈門一直都掌控在他的手中。由上可知，啟、禎年間，海防重鎮的廈門，係處在荷人和海盜交相侵擾的窘境之下，而此一的現象，亦是衰頹無為的明政府，在滅亡前夕所呈現出來的景況寫照！

（原始文章刊載於《止善學報》第 18 期，朝陽科技大學通識教育中心，2015 年 6 月，頁 55-82。）

附圖一：廈門南普陀寺今貌，筆者攝。

附圖二：南普陀寺陳第和沈有容石刻今貌，筆者攝。

附圖三：陳、沈二人石刻全文近照，筆者攝。

附圖四：廈門市區今貌，筆者攝。

附圖六：澎湖風櫃尾荷蘭堡壘遺址今貌，筆者繪攝。

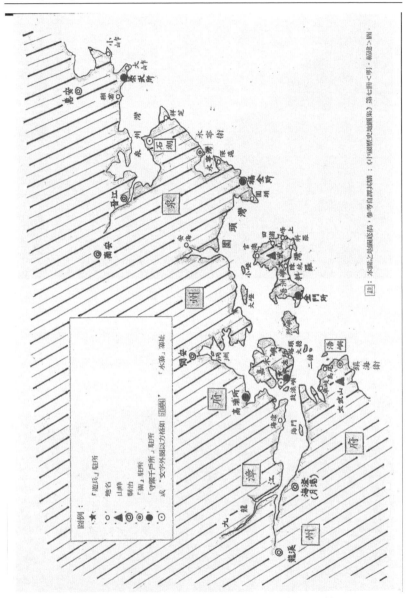

附圖五：明代福建漳泉沿海示意圖，筆者繪製。

附圖七：鼓浪嶼今貌，筆者攝。

沈有容出任浯嶼水寨把總源由之探索

一、前　　言

至甲辰[按：明萬曆三十二年]七月十三日，紅夷[即荷蘭人]韋麻郎、粟葛等聽高寀勾引，以千人駕䑸艘索市于彭湖[即今日澎湖]，遣通事林玉入賄寀。當事者以林玉下獄，而差官諭麻郎者四。麻郎愈肆鴟張，至毀軍門牌示。（撫、按）兩臺乃議以容[即沈有容]往。容請貸林玉，欲用為內間，遂與至彭湖。容先駕漁艇，見寀所差之官周之範，折其舌，直抵麻郎船。船大如城，銃大合圍，彈子重二十餘斤，一施放，山海皆震。容直從容鎮定，坐譚之間，夷進酒食，言及互市。委曲開譬利害，而林

玉從旁助之，夷始懾，俯首求去。行時，餽容方物，收
其鳥銃并火鐵彈，而却其餘，即圖容象以去。

—沈有容‧〈仗劍錄〉

上述的內容，[1]是明代福建水師名將沈有容回憶錄中的一段文字，記載著他個人在澎嶼水寨指揮官的任內，亦即神宗萬曆三十二年（1604）時，往赴澎湖勸退前來求市的荷蘭人離去之經過。沈上述的事蹟，雖然至今已時隔四百餘年，但經由前人史書輾轉地流傳，以及他個人所編輯《閩海贈言》書中的有關記載，不僅讓他當年的事蹟名垂千古，尤其是，今日澎湖天后宮內所遺留的「沈有容諭退紅毛番韋麻郎等」殘碑（附圖一：澎湖天后宮內沈有容殘碑遠眺，筆者攝；附圖二：「沈有容諭退紅毛番韋麻郎等」殘碑特寫，筆者攝。），更是此一壯舉最強而有力的證明。

沈有容，安徽宣城人，字士宏，號寧海，萬曆七年（1579）武舉人出身，曾任福建的海壇遊兵、澎銅遊兵和澎嶼水寨把總，浙江的都司僉書、溫處參將，以及福建的水標遊擊參將等水師

1　沈有容自傳稿〈仗劍錄〉，載於姚永森〈明季保臺英雄沈有容及新發現的《洪林沈氏宗譜》〉，《臺灣研究集刊》1986 年第 4 期，頁 89。附帶一提的是，上文中出現"[按：明萬曆三十二年]"者，係筆者所加的按語，本文以下內容中若再出現按語，則省略為"[即荷蘭人]"。此外，筆者為使本文前後語意更為清晰，方便讀者閱讀的起見，有時會在文中引用句內「　」加入文字，並用符號"（　）"加以括圍，例如上文的「（撫、按）兩臺乃議以容往」，至於，「撫、按兩臺」則指福建巡撫和巡按監察御史二人，特此說明。

重要的職務，後來，官至山東登萊總兵，卒時，朝廷贈予「都督同知」銜，並賜祭葬，以褒揚其功勞。前已提及，沈曾勸使荷人離開澎湖一事，係發生在他擔任浯嶼水寨把總任內。浯嶼水寨，是明代福建沿海水師兵船母港基地之一，該寨主要是負責泉州地區沿海的防務，約於明初太祖洪武二十年（1387）由江夏侯周德興所創立，本文便是想探索為何明政府會任命沈有容擔任浯寨把總的職務，假若他在當年未擔任過此職，便很難有機會前去澎湖勸退來此的荷人，今日天后宮亦可能不會有沈氏諭退荷人碑文的存在！[2]所以，沈本人能於萬曆二十九年（1601）年底出任浯嶼水寨把總一職，是他日後澎湖退荷、留名後世的重要先決條件，同時，亦因他為何會出任浯寨把總的職務，而令筆者感到十分地好奇，於是，開始對此一課題，進行相關史料的蒐集工作。此一期間，筆者發現到，萬曆二十九年（1601）時任福建按察司僉事分巡興泉道，並兼職巡海道的

2　有關沈有容往赴澎湖勸退前來求市的荷蘭人離去之經過，筆者數年前曾撰文探討過，認為執行勸退荷人的工作，按理當由該轄區的澎湖遊兵負責，但因此時澎遊裁軍嚴重兵力不足，無法勝任此一要務，明政府遂改派泉州最強大的水師，且距離澎湖最近的浯嶼水寨來負責此事，加上，該寨的指揮官是欽依把總，位階又高於此時僅為名色把總的澎遊指揮官，由其率領浯嶼、澎湖二寨遊所組成的龐大艦隊前去交涉是十分合宜的，此亦是時任浯寨指揮官的沈有容，膺此重任前去澎湖勸走荷人的由來。至於，能讓船堅砲利的荷人離開澎湖的原因，除了沈個人的膽識和口才外，更重要的是，是沈所帶去那五十艘兵船所構成的巨大威嚇力，讓荷人自知無法以實力取勝，而被迫離開了澎湖。有關此，請參見何孟興，〈論明萬曆澎湖裁軍和「沈有容退荷事件」之關係〉，《臺灣文獻》第62卷第3期（2011年9月30日），頁127-145。

王在晉，[3]曾親身參與此次人事案的決策，並大力推薦沈晉陞浯寨把總一職，而且，還將此事的相關內容，收錄在他所著的《蘭江集》中（附圖三：珍稀史料《蘭江集》目錄書影，筆者攝；附圖四：珍稀史料《蘭江集》內頁書影一；附圖五：珍稀史料《蘭江集》內頁書影二，筆者攝。）。因此，筆者想利用這部收錄於四庫禁燬書叢刊中的珍稀史料，做為本文撰寫主要之素材，同時，並配合王所著同是收錄在上述叢刊中的另一作品《海防纂要》（附圖六：珍稀史料《海防纂要》內頁書影一，筆者攝；附圖七：珍稀史料《海防纂要》內頁書影二，筆者攝。），來探討當年沈有容出任泉州最重要的水師指揮官－－浯嶼水寨欽依把總，[4]亦即由原先福建的浯銅遊兵名色把總，陞任此一職務的

3　王在晉，南直隸太倉州人，進士（一作舉人）出身，撰有《海防纂要》、《越鐫》、《蘭江集》等書。王，萬曆二十八年時，以福建按察司僉事出任分巡興泉道，萬曆二十九年春天入閩抵泉州受事，期間除兼職巡海道外，亦曾兼代分巡漳南道和分守漳南道二職，請參見王在晉，《海防纂要》（北京市：北京出版社，2000年），卷之10，〈紀捷‧漳泉之捷〉，頁13-14；王在晉，《蘭江集》（北京市：北京出版社，2005年），卷19，〈書帖‧上撫臺省吾金公揭十三首（其十三）〉，頁19。另外，附帶一提的是，王在晉所任的分巡興泉道一職，其前任為王志（東鄉人，進士出身，萬曆二十五年以按察司僉事任），後一任則是按察司副使朱汝器（烏程人，進士出身，萬曆三十年任）。請參見陽思謙，《萬曆重修泉州府志》（臺北市：臺灣學生書局，1987年），卷4，〈規制志上‧行署〉，頁23；陳壽祺，《福建通志》（臺北市：華文書局，1968年），卷96，〈明職官〉，頁27和31。

4　明時，把總是中、低階的軍官，秩比正七品，並有「欽依」和「名色」的等級區別，欽依權力地位高於名色，「用武科會舉及世勳高等題請陞授，以都指揮體統行事，謂之『欽依』。……由撫院差委或指揮及聽用材官，謂之『名色』。」（見懷蔭布，《泉州府誌》（臺南市：登文印刷局，1964年），卷25，〈海防‧附載〉，

源由經過。最後，文中內容若有誤謬或不足之處，敬請讀者批評指正之。

二、水師將領沈有容所處之環境背景

沈有容會前來福建擔任水師將領，主要與萬曆二十年（1592）爆發的中、日朝鮮之役有直接關係。[5]在這一場延續多時的戰爭發生前一年，即萬曆十九年（1591）明人便獲得了情報，倭人除會出兵兼併朝鮮、遼東外，亦可能採取聲東擊西之計，由海上南犯中國，[6]為此，福建沿海情勢隨之緊張起來。次

　　頁 10。）一般而言，福建的水寨指揮官係欽依把總，而遊兵則為名色把總。因為，世宗嘉靖四十二年時，閩撫譚綸奏准，改福建水寨指揮官名色把總為欽依，以重其事權，而且，具有欽依銜的水師將領，不管是副總兵、參將、遊擊、守備或把總，皆可依都指揮（司）體統行事，便宜調遣沿海衛、所軍隊的權力，以遂行作戰的任務。

[5]　中、日朝鮮之役始於萬曆二十年四月時，因日本關白豐臣秀吉遣軍一六六，〇〇〇人，兵分八路侵略中國藩屬的朝鮮，因朝鮮敗戰，求援明政府；六月，明政府遂派大軍前往馳援，並於次年正月收復平壤城，日軍因平壤之敗萌生媾合之意，中、日雙方遂不顧朝鮮的反對，逕自進行和平談判，開始進行外交折衝。二十四年九月，豐臣秀吉對和談的結果大失所望，便決定再動干戈，翌年正月時再派兵一四一，〇〇〇人前去征討朝鮮，就在日軍肆行侵略之時，秀吉卻於二十六年八月病故。為此，日軍便陸續地撤回國內，而明軍亦於兩年後始全部歸國，此一前後共歷七載、日人所發動的兩次侵略朝鮮戰爭，才告正式地結束。請詳見鄭樑生，〈壬辰之役始末〉一文，收入《歷史月刊》第 59 期（1992 年 12 月），頁 24-36。

[6]　有關倭人假藉侵略朝鮮襲犯中國的傳言，早在前一年即萬曆十九年便已存在！相關史料如下：「萬曆十九年五月，福建長樂縣民與琉球夷人，偕來赴（福建）

年（1592），倭軍果然大舉進犯朝鮮，明政府遂派遣軍隊往赴救
援，中、日朝鮮之役於是爆發。之後，又因中、日雙方在朝鮮
的衝突未解，情勢一直詭譎不明，二十四年（1596）時，留心
福建沿海防務的巡撫金學曾，[7]派遣分守道張鼎思、都司鄧鐘等
人親歷沿海信地，規劃海防措致。[8]隔年（1597）年初，因倭軍

巡撫趙公參魯臺報云：『倭首關白者名平秀吉[即豐臣秀吉]驍勇多謀，數年以來
已併海中六十餘島，今已調兵刻期，約明年併朝鮮及遼東』等情，聲勢甚猛，
時巡撫與各守臣尚在疑信之間，及巡撫再訊夷人，責之曰：『汝琉球已愆貢期二
載，故以此抵塞而呵喝我乎？』訊縣民云：『汝往海勾引，故以此互為奸乎？』
易夷人與縣民俱執對如初詞，然而巡撫在閩，悉心鎮守，威惠兼施，猶恐其聲
東而寇西也，于是戒飭水、陸二兵，各時訓練，嚴部伍，簡將校，繕城堡，且
召福清致仕佘將秦經國等至省會，其議防守戰攻之策，諸凡兵政確有廟算矣」。
請參見鄭大郁，《經國雄略》（北京市：商務印書館，2003 年），〈四夷攷・卷之
二・日本〉，頁 35-36。

7　金學曾，字子魯，浙江錢塘人，隆慶二年進士，原職為湖廣按察使，以右僉都
御史巡撫福建，萬曆二十三至二十八年任。史載，金在二十七年二月遭南京給
事中沈世祿等人彈劾，五月獲允乞休，次年三月引疾侯代。筆者以為，金真正
離開閩撫的位置，當在二十九年下半年以後。因為，該年二月福建左布政使朱
運昌雖接任巡撫一職，但是，乞休侯代的金仍在位上，朱似未正式開始視事。
有關此，請參見王在晉，《蘭江集》，卷 19，〈書帖・上撫臺省吾金公揭十三首〉，
頁 5-20；吳廷燮，《明督撫年表》（北京市：中華書局出版，1982 年），卷 4，〈福
建〉，頁 511。

8　請參見顧亭林，《天下郡國利病書》（臺北市：臺灣商務印書館，1976 年），原編
第 26 冊，〈福建・水兵〉，頁 56。張鼎思，長洲人，萬曆五年進士，曾任福建布
政司右參議和按察司按察副使，至於，此時的張是否係以右參議兼任福建某處
地方分守道？因目前史料難見，不易得知，請參見陳壽祺，《福建通志》，卷 96，
〈明職官〉，頁 15 和 23。鄧鐘，萬曆五年武進士，善詩，有韜略，為廣東副總
兵，有征黎功，萬曆二十年嘗重輯鄭若曾的《籌海圖編》而成《籌海重編》一
書。

又大舉進攻朝鮮，局勢再度地緊張起來，金學曾考量到倭人若由海道南犯，閩北沿岸必首當其衝，為此，便加強福寧州海上門戶——臺山、礵山的兵力，並且，規劃倭若入犯時，福建總兵則出鎮定海守禦千戶所，藉以捍衛福州省城的安危；同時，還考量澎湖是海中的險要地，「去泉州程僅一日，綿亘延袤，恐為倭據」，[9]遂決議於春、秋汛期派遣遊擊部隊前往戍守之。另外，並建造兵船四〇艘和招募兵丁三,〇〇〇名，以因應可能之變局。[10]就在如此緊張、風聲鶴唳的情況下，先前任職北方兵鎮且已返鄉三年的沈有容，[11]此際接受了閩撫金學曾的邀聘，前來福建協助兵防工作的進行。

---

[9] 臺灣銀行經濟研究室編，《明實錄閩海關係史料》（南投市：臺灣省文獻委員會，1997 年），〈神宗實錄〉，萬曆二十五年七月乙巳條，頁 89。

[10] 有關上述萬曆二十五年閩撫金學曾加強福建沿海防務的內容，請參見臺灣銀行經濟研究室編，《明實錄閩海關係史料》，〈神宗實錄〉，萬曆二十五年七月乙巳條，頁 89。

[11] 萬曆二十一年，沈有容會離開北邊告病返鄉，除了先前諸事不如意外，對朝鮮經略宋應昌迷信方術不以為然，更是促成此次離職的主要導火線。有關此，其回憶錄曾語道：「經略宋桐岡[誤字，應「岡」字，即宋應昌]移治[疑誤字，當「咨」字]撫臺[指薊遼總督顧養謙]，取（容[即沈有容]）往朝鮮，補本部院中軍，因經略溺館術士張元陽，謂能驅使神兵，容竊笑之，以此失宋意，聽容告病歸田。癸巳[即萬曆二十一年]八月抵子舍，得見二親，躬耕而庄[一作「居」字]，朝夕菽水，承歡者三年」。上文中的宋應昌，浙江仁和人，嘉靖四十四年進士，萬曆二十年倭犯朝鮮，以兵部侍郎經略朝鮮。請參見沈有容自傳稿〈仗劍錄〉，載於姚永森〈明季保臺英雄沈有容及新發現的《洪林沈氏宗譜》〉，《臺灣研究集刊》1986 年第 4 期，頁 88；吳培基、賴阿蕊，〈沈有容〈仗劍錄〉校注研究（上）〉，《硓𥑮石：澎湖縣政府文化局季刊》第 68 期（2012 年 9 月），頁 6 和 18。

　　根據沈有容回憶錄說法是，金學曾會邀他來閩，主要是因日本關白豐臣秀吉侵略朝鮮，金欲出奇兵襲攻倭人巢穴，想請他來執行此一任務。但是，沈見到與他同聘者多係年老、病疾之人，遂不願前往，並將聘金交放在福州知府車大任處，準備買舟返鄉。金獲悉此事，急派都轉運使司運鹽知事林培之將他追回來，並在隔天任命他擔任海壇遊兵的指揮官把總一職。[12]其原文記載如下：

> 關白[即豐臣秀吉]之猖獗于朝鮮也。閩撫省吾金公[即金學曾]，欲出奇搗其穴，聘容[即沈有容]至閩。容見同聘者多老疾，即以聘金封上福州太守車公[即福州知府車大任]處，馳至洪塘，買舟欲歸。金公知之，令遠幕林守[誤字，當「定」字]宇[即知事林培之]追回，次日補（容）海壇（遊兵）把總，防海一汛，……。[13]

至於，沈出任海壇遊兵把總的時間，係在萬曆二十五年（1597）

12　請參見沈有容自傳稿〈仗劍錄〉，載於姚永森〈明季保臺英雄沈有容及新發現的《洪林沈氏宗譜》〉，《臺灣研究集刊》1986年第4期，頁88；吳培基、賴阿蕊、〈沈有容〈仗劍錄〉校注研究（上）〉，《硓𥑮石：澎湖縣政府文化局季刊》第68期（2012年9月），頁19-20。上文中的林培之，一作林培，廣東東莞人，舉人出身，與沈有容的好友陳第係故交，時為福建都轉運使司知事，以御史謫任（見陳壽祺，《福建通志》，卷96，〈明職官〉，頁35。）。另外，近人金雲銘《陳第年譜》亦曾載道，林培之字定宇，以御史言事，萬曆二十五年時謫閩為鹽運知事。見該書（南投市：臺灣省文獻委員會，1994年），頁70。

13　沈有容自傳稿〈仗劍錄〉，載於姚永森〈明季保臺英雄沈有容及新發現的《洪林沈氏宗譜》〉，《臺灣研究集刊》1986年第4期，頁88。

秋天，明人陳省〈海壇去思碑〉曾語及此，曰：「丁酉[即萬曆
二十五年]秋，閩海上警聞，大中丞金公[即閩撫金學曾]聞將軍
[即沈有容]賢，羅之海壇」。[14]然而，閩海的局勢亦在隔年（1598）
夏天，起了重大的變化。首先是，豐臣秀吉在二十六年（1598）
八月十九日病故於居所伏見城，同月二十三日倭酋毛利輝元、
德川家康等人議決發佈撤兵令，九月五日在朝鮮戰地頒佈撤兵
訓令，十二月倭軍全數陸續撤離朝鮮。[15]日本撤軍的舉動，不
僅讓閩海局勢跟著穩定下來，福建當局先前為因應倭人可能入
犯的諸多兵防措舉，亦隨之而廢弛。例如萬曆二十五年（1597）
冬天新設、次年（1598）春天再增一倍軍力的澎湖遊兵，便「裁
去一遊，而海壇（遊兵）、南日（水寨）、南澳（遊兵）三處遠
哨船，漸各停發」。[16]

　　沈有容在海壇遊兵任職的時間並不長，期間，明政府曾欲
差其往赴日本打探豐臣秀吉的消息，後似未果行，[17]萬曆二十

14　陳省，〈海壇去思碑〉，收入沈有容輯，《閩海贈言》（南投市：臺灣省文獻委員
　　會，1994 年），卷之 1，頁 1。

15　有關此，請參見鄭樑生，《明代中日關係研究》（臺北市：文史哲出版社，1985
　　年），頁 638。

16　顧亭林，《天下郡國利病書》（臺北市：商務印書館，1976 年），原編第 26 冊，〈福
　　建・彭湖遊兵〉，頁 114。附帶說明的是，上文中的南澳遊兵，係明政府佈署於
　　閩、粵二省交界海上的水師部隊，特此說明。

17　有關此，沈在回憶錄中言道：「閩撫省吾金公[即金學曾]欲出奇搗其穴，聘容[即
　　沈有容]至閩。……次日補（容[即沈有容]）海壇（遊兵）把總，防海一汛，欲
　　差往日本探關白情形，扮商以往，授容千金。容辭金以付同往者劉思；後不果
　　往，追還原金，思因是破家。金公亦因是知容，稍加重焉，故又得補浯銅（遊

七年（1599）時改調為浯銅遊兵把總。[18]浯銅遊兵，係明政府在泉、漳沿海所佈署的水師部隊，母港基地設在的廈門，與上述海壇遊兵皆設於穆宗隆慶四年（1570）。[19]沈到任後，便有令人耳目一新的措舉，有關此，廈門人池浴德便曾指道：[20]

> （沈有容）及移浯銅（遊兵把總），却部署例金。舟中器械、檣楫沿習已久，官帑空乏，任其重英逍遙，而莫之何；將軍[即沈有容]捐俸更新，綢繆甚備。[21]

亦即沈不僅打破過去沿習之陋規，拒絕了下屬饋贈的禮金，他

兵把總）」（見沈有容自傳稿〈仗劍錄〉，載於姚永森〈明季保臺英雄沈有容及新發現的《洪林沈氏宗譜》〉，《臺灣研究集刊》1986 年第 4 期，頁 88。）。另外，陳省亦言道：「時朝議欲搗倭巢，擬以將軍[即沈有容]潛經略其地。撫臺[即閩撫金學曾]強予以千金，令貿貨假往興販，將軍固不受；竟求付同船商，及弗果往，責還官金，而將軍以毫不染免。撫臺用是偉其識，刮目器之，更諸海壇而調浯銅（遊兵把總）去焉」。見氏撰，〈海壇去思碑〉，收入沈有容輯，《閩海贈言》，卷之 1，頁 2。

18　為何稱沈有容在萬曆二十七年改調浯銅遊兵把總？因為，陳省在〈海壇去思碑〉中，嘗語：「去思碑者，思沈將軍[即沈有容]去海壇作也。將軍自海壇改浯銅（遊兵把總），未浹歲，⋯⋯」（見沈有容輯，《閩海贈言》，卷之 1，頁 1。）。文中的「未浹歲」即未滿一年，而該碑文係萬曆庚子孟夏（見沈有容輯，《閩海贈言》，〈目錄〉，頁 1。），即在萬曆二十八年四月所勒，故之，特此說明。

19　請參見陳壽祺，《福建通志》，卷 86，〈海防・歷代守禦〉，頁 35。

20　池浴德，字仕爵，號明洲，嘉靖四十四年進士，官至太常寺少卿，人稱明洲先生，著有《空臆錄》、《懷紳集》和《居室篇》。請參見周凱，《廈門志》（南投市：臺灣省文獻委員會，1993 年），卷 12，〈列傳（上）・列傳―宦績〉，頁 471-473。

21　池浴德，〈賀陞浯嶼欽總移鎮石湖序〉，收入沈有容輯，《閩海贈言》，卷之 3，頁 42。

還因目睹官府缺乏經費，致使兵船上的器械、櫓楫年久失修，自己便捐出薪俸來加以更新，用以增強水師之戰力。吾人由他拒收部屬例金一事，即可窺知在萬曆（1573-1620）中期時，福建海防官弁接受下屬饋贈財貨，似已成為一種慣例，將領貪瀆之風習以為常，而且，此一問題至熹宗天啟（1621-1627）以後愈加地嚴重！[22]浯銅遊兵，不僅有上述的問題，沈自己還提到，「浯銅（遊兵士卒）素多虛冒，容[即沈有容]至，痛洗夙弊，鼓舞士卒」。[23]亦即官軍中有許多僅在此掛名、人不在軍伍之虛

---

[22] 因為，自嘉靖（1522-1566）末年倭寇之亂蕩平後，明政府經隆慶（1567-1572）至萬曆晚期，四、五十年無倭警，中間雖有日本侵犯朝鮮、東南海上戒嚴，但整體而言，此數十年間，閩海並無大規模寇亂，亦因昇平日久，軍備漸趨懈怠，官兵紀律渙散，營伍內部弊端叢生，諸如將弁假借名目，扣剋兵丁糧餉；水兵不諳水性，虛冒寄名以食糧；兵船製造偷工減料，其他尚有官兵畏怯出海偷安內港，春、冬汛期常後汛而往、先汛而歸，甚至，以風潮不順為託辭而避泊別澳……等不一而足。這些長年累積下來的弊端，明政府似無法有效地改善，致使情況愈到後期愈為嚴重。茲舉天啟年間浯銅遊兵把總方獻可為例，他不僅「取兵無體，專以送禮厚薄為禮貌。哨（官）、捕（盜），頭目少有餽遺，即加倔傌，上下體統蕩然」（見福建巡撫朱一馮，〈為倭警屢聞宜預申飭防禦事〉，收入臺灣史料集成編輯委員會編，《明清臺灣檔案彙編》（臺北市：遠流出版社，2004年），第一輯第一冊，頁279。），而且，又「不習波濤，登舟即時吐浪，是以一切船務不能查理，（武）器、（彈）藥等項悉憑捕盜等任意出入，懵然莫知」（見同前註。），加上，方本人個性柔懦，「但聞警報一味畏縮，安坐衙內，止令哨官率眾支吾，以致軍聲不揚，人無鬥志」（見同前註。）。以上的內容，請參見何孟興，〈明末澎湖遊擊裁減兵力源由之研究〉，《興大人文學報》第49期（2012年9月），頁54-56。

[23] 沈有容自傳稿〈仗劍錄〉，載於姚永森〈明季保臺英雄沈有容及新發現的《洪林沈氏宗譜》〉，《臺灣研究集刊》1986年第4期，頁88。

冒者，沈到任後，極力肅清此一積弊，以達名實相符，鼓舞將弁之士氣。

不僅，沈有容在浯銅遊兵把總任內，有上述振衰起蔽之措舉，吾人若拿他和同期福建水師將弁的表現來加以比較，可以發現尚有其他過人之處，尤其是，在戰場上的表現。因為，自日本撤軍朝鮮之後，太平漸久，閩地兵防卻因局勢穩定而鬆懈下來，官軍人心渙散，遇事常推諉不前，沿海倭盜遂乘機而起，此一問題在萬曆二十九年（1601）春天便已嚴重，時任分巡興泉道兼代巡海道一職的王在晉，[24]即言：「年來海波寧謐，解冑僵戈，自（萬曆二十九年）三月二十九日以至今，瀕海告急，應接如雨，該職嚴飭舟師飛檄警戒，不遺餘力，各（水）寨、遊（兵）亦稍能自振勵。……」，[25]另外，他在上呈給閩撫金學曾的〈條陳防海事宜議〉中，亦指道：

> 福建（按察司）僉事王在晉云，今春防汛自三月二十八日以至今不數日，而羽檄已交馳矣，有言賊船數隻者，有言賊船四、五隻者，番盔角甲刀銃不計其數，雖未必其言之盡實，而談虎色變，可謂其虛張而無當哉，……。職以淺材代署[指兼代巡海道一職]，書生不解兵事，聞

---

24 王在晉以分巡興泉道兼代巡海道一職，從史料看來，王曾在萬曆二十九年七月六日接巡海道印信，但不久之後，新任巡海道到職，王遂解任。請參見王在晉，《蘭江集》，卷19，〈書帖・上撫臺省吾金公揭十三首（其十三）〉，頁19。

25 王在晉，《蘭江集》，卷之19，〈書帖・上按臺在田劉公揭三首（其一）〉，頁20。

警輒先杞憂，謬有管窺，徒深蠡測，若文臣託諸空言，
而武將敢于坐視時事，未知所終，惟院臺[指閩撫金學曾]
八閩倚重，下吏望風，伏祈裁奪施行，地方幸甚。賊搶
去鐵頭船，則兵船可混，搶去漁船則民船可混，儻其假
冒兵漁船隻，突入（水）寨、遊（兵）內地，不及稽防，
其可慮者一也……。然今日之最可恨者，則在人情偷安
及其有事互相推諉，使能同心協力、首尾相顧，折衝禦
侮，可保無虞。乞賜嚴批，通行防備，則人心整惕而汛
地有賴矣。[26]

王在上文中明白地指出，當前海防最大問題出在官兵本身，亦
即「人情偷安及其有事互相推諉，使能同心協力、首尾相顧，
折衝禦侮，可保無虞」。相較於上述一般官軍偷安、渙散諸多之
缺失，沈有容所表現出來，卻是克盡職責，擒斬倭盜，奪回遭
搶兵船，屢建戰功，不僅讓人刮目相看，亦使多數水師將弁相
形失色；同時，亦因他在浯銅遊總任內突出的表現，使其獲得
長官的注目和肯定，並獲拔擢陞任浯嶼水寨指揮官的重要因素
之一。

三、沈有容出任浯嶼水寨把總之源由

在前節中曾語及，沈有容在浯銅遊兵把總任內，不僅有振

衰起敝、耳目一新之創舉，同時，立下令人刮目相看的戰功，它是發生在萬曆二十九年（1601）春、夏間，有關此，沈的回憶錄如此地說道：

> 辛丑[即萬曆二十九年]歲，各（水）寨、游（兵）兵船多為倭所掠，獨容[即沈有容]于四月初七日擒生倭十八名、斬首十二級于東椗外洋。興泉道王岵雲公[即福建分巡興泉道王在晉]上議招目兵八百、募商船二十四只為二哨，令容統其一，一隸于銅山（水）寨把總張萬紀。容統舟師出海，直抵廣（東交）界，五月十七日斬首三十二級，奪回南澳（遊兵）捕盜張敬兵船一只。[27]

亦即在萬曆二十九年（1601），沿海水寨、遊兵之兵船多遭為倭盜所劫掠時，唯獨沈有容於於四月七日在金門田浦東面的東椗外海生擒了倭盜十八名，[28]並斬首十二人。此際，因情勢嚴峻，

---

[27]　沈有容自傳稿〈仗劍錄〉，載於姚永森〈明季保臺英雄沈有容及新發現的《洪林沈氏宗譜》〉，《臺灣研究集刊》1986 年第 4 期，頁 88。

[28]　東椗，指今日金門東側的北椗島。清人林焜熿《金門志》嘗稱：「田浦：在金門城東。距後浦三十里，距峯上五里。其外皆大洋，與東椗遙相望」（見該書（南投市：臺灣省文獻委員會，1993 年），卷 5，〈兵防志・沿海略〉，頁 98。）。明時，東椗和南椗係以金門島為定位，主要以金門千戶所和官澳、田浦等巡檢司之堡城為中心，來做方位之界定。東椗，位在料羅灣東方偏北海上，即田浦（今名田埔，地屬金門縣金沙鎮）東面海中，南椗則在金門西南方、漳州鎮海衛正南方海中。然而，至清末開港通商之後，方位改以廈門灣海域為中心，將東椗和南椗各自改名為「北椗」和「東椗」，此一改名亦造成今日東椗、南椗和北椗三者間的混淆！請參見沈文台，《臺灣燈塔圖鑑》（臺北市：貓頭鷹出版社，2000

分巡興泉道王在晉遂招募水兵八〇〇人，以及商船二十四艘做為征勦之用，船、兵共分為二哨，由沈有容和銅山水寨把總張萬紀各率領一哨，[29]用以搜捕倭盜。期間，沈曾統領舟師出海，由福建直抵廣東交界，並於五月十七日斬首倭盜三十二人，而且，奪回了遭倭盜擄去的南澳遊兵捕盜張敬之兵船一艘。

　　上述的內容，可分三個部份來做說明，包括有各寨遊兵船多為倭盜所掠、四月東椗之捷，以及五月彭山洋之役。[30]首先是，各寨、遊兵船多為倭盜所掠一事。此次，遭掠的兵船有海壇遊兵、小埕水寨、浯嶼水寨和湄州遊兵，王在晉在呈給巡按

<hr>

年），頁 182-189；傅祖德主編，《中華人民共和國地名詞典：福建省》（北京市：商務印書館，1995 年），頁 439。另外，附帶說明的是，上文中的「椗」字，常以「碇」混用。

29　張萬紀，字汝守，別號小毓。出身衛所軍籍，幼習舉子，業文理，後襲福寧衛指揮僉事，曾任銅山水寨把總、昭平參將、惠潮副將等職，任內連勦倭盜，所至累立奇功，不可勝紀，遂成大將之名，海寇無不知有「張將軍」者，請參見殷之輅，《萬曆福寧州志》（北京市：書目文獻出版社，1991 年），卷 12，頁 41。另外，關於張之傳奇事蹟，明人顧亭林《天下郡國利病書》嘗載道：「張萬紀為銅山（水寨）把總，每兩雲陰晦，意賊且出，輒駕小舟身攜一劍，以驍勇數輩自隨，裝束如漁人，因以誘賊，賊相遇，手自擊殺之，或死或縛。萬紀雖屢經險阻，神意逾王，海上數年間得安枕無恐者，則萬紀力為多，是外賊未嘗不可攻也」。見該書，原編第 26 冊，〈福建‧兵防考〉，頁 111。

30　有關此，嘗有史書載道：「辛丑[萬曆二十九年]，寇掠諸（水）寨，（沈）有容擊敗之；踰月，與銅山把總張萬紀敗倭於彭山洋」。見懷蔭布，《泉州府誌》，卷 31，〈名宦三‧明‧浯嶼把總〉，頁 80。彭山，位在閩、粵二省交界海上，與南澳島相對。請參見臺灣銀行經濟研究室編，《漳州府志選錄》（南投市：臺灣省文獻委員會，1993 年），頁 107。

劉在田的揭文中，[31]便如此地說道：

> 若海壇（遊兵）、若小埕（水寨）、若浯嶼（水寨）、若湄
> 州（遊兵），均之損失船兵者也。海壇（遊兵）之被搶者
> 一，而浯嶼（水寨）之被搶者二，償事之惩誰能諱之，
> 然明言搶失使人猶可端倪。若小埕（水寨），則搶船而以
> 獲功報矣。……至于，湄州（遊兵）捕盜楊山之失船，
> 該遊（兵把總）未嘗聞也。[32]

其中，倭盜搶奪了海壇遊兵兵船一艘，浯嶼水寨兵船兩艘，小
埕水寨竟與倭爭搶兵船為功，湄州遊兵的捕盜楊山失船，該遊
把總卻未嘗與聞，官兵表現令人失望不已。然而，相較於上述
寨、遊兵船遭奪之諸多缺失，沈有容的表現卻十分地優異，先
有四月東椗之捷，後有五月彭山洋之役。其中，東椗之捷，沈
在金門東面海域生擒了倭盜十八名，並斬首十二人。王在晉指
稱此役關乎水師士氣甚深，言道：

> 自有東椗一捷，而馘斬強倭甚眾，致生囚于帷幄，俘獻
> 軍門，已而銅山（水寨）、南澳（遊兵）相繼收功，賊始
> 知漳（州）、泉（州）有備，嚴不可犯，不敢正目窺閩南，

31　因相關資料有限，上文的巡按監察御史劉在田，目前推測疑為劉芳譽或劉應龍。
　　芳譽，河南陳留人，萬曆十一年進士；應龍，湖南邵陽人。請參見陳壽祺，《福
　　建通志》，卷96，〈明職官〉，頁5。

32　王在晉，《蘭江集》，卷之19，〈書帖‧上按臺在田劉公揭三首（其二）〉，頁22-23。

而（水）寨、遊（兵）將士各有彊立之志，皆東椗為之
作氣也。[33]

其次是，彭山洋之役。沈在該年（1601）五月中旬於閩、粵交
界的彭山洋面，斬首倭盜三十餘人，並奪回遭倭盜擄走的南澳
兵船一艘。王在晉上呈給巡撫金學曾的揭文中，便曾指出：

日聞倭賊勾連廣（東海）寇，漳（州）、泉（州）一路嚴
兵以待，……而浯銅（遊兵）之師[指沈有容所屬之水師]
奮勇奪回被搶船隻，殲賊于洪濤巨浸中。南澳，去廣（東）
咫尺，風聞直達，賊不敢正目窺閩矣。[34]

稱沈有容的「浯銅（遊兵）之師奮勇奪回被搶船隻，殲賊于洪
濤巨浸中」，倭盜不敢正目窺視福建！不僅如此，王另又在〈漳
泉之捷〉一文中盛讚沈的表現，指出：「倭出南澳，（捕盜）張
定[疑張敬之誤字]兵船被擄去，幸有浯銅遊兵追擊奪船歸，而
搶船之倭，盡被浯銅（遊）兵殲戮，此可稱漳海奇功」。[35]

在上文中，分巡興泉道王在晉用「漳海奇功」來稱讚沈有
容在彭山洋役中的表現，相對於被搶走兩艘兵船的浯嶼水寨把
總馬權，他的能力和表現卻備受嚴重的質疑，隨後，遭到明政

---

[33] 王在晉，《海防纂要》，卷之 10，〈紀捷・漳泉之捷〉，頁 14-15。

[34] 王在晉，《蘭江集》，卷 19，〈書帖・上撫臺省吾金公揭十三首（其七）〉，頁 12。

[35] 王在晉，《海防纂要》，卷之 10，〈紀捷・漳泉之捷〉，頁 16。

府罰以革除薪俸、戴罪立功之處分。[36]王在晉並認為，馬的為人有瑕疵，他告訴巡撫金學曾：

> 馬權懦怯，用之必然償事，邇復具揭抗辨[疑誤，應「辯」]，謂得罪主將，不獲與海壇同罰[指海壇遊兵被搶鐵頭船一事]，其心不虛，終不可有為。[37]

認為，馬權已不適合擔任浯寨指揮官，加上，「浯嶼（水寨）為泉[即泉州]南險阨，一方保障全在得人，匪人而兵為虛設，關繫最重」，[38]並且，主張「泉南重鎮[指浯嶼水寨]亟宜易將」，[39]改以忠勇諳練之人，擔任浯嶼寨總一職；[40]同時，還進一步推薦沈有容給金學曾，來任此一要職：

> 沈有容威信素孚泉南，海道乃其慣熟，浯嶼（水寨）為一方保障，非若人不可，今兩建奇功[指東椗之捷和彭山洋之役]，例應優敘，事寧之日卽以此人代之，而浯銅（遊兵把總）別委一員管攝，則尤兩便之策也。不識台臺[指閩撫金學曾]以為何如？[41]

36　請參見王在晉，《蘭江集》，卷 19，〈書帖・上撫臺省吾金公揭十三首（其六）〉，頁 10。

37　王在晉，《蘭江集》，卷 19，〈書帖・上撫臺省吾金公揭十三首（其七）〉，頁 12。

38　王在晉，《蘭江集》，卷 19，〈書帖・上撫臺省吾金公揭十三首（其六）〉，頁 11。

39　王在晉，《蘭江集》，卷 19，〈書帖・上撫臺省吾金公揭十三首（其八）〉，頁 14。

40　請參見同前註。

41　請參見同前註。

王在晉不僅向金推薦由沈出任浯嶼寨總，同時，在福建按察司審評寨、遊將弁功罪表現中，[42]亦十分地肯定沈的戰功表現，他在〈與方伯見吾徐公書〉中，[43]便告訴按察使徐見吾說：

> 今春海上，全仗沈有容、張萬紀二人保全體面。當倭寇初來，（水）寨、遊兵無不披靡，無能之將退縮自完，浯銅（遊兵）、銅山（水寨）之捷，破方張之寇，各路聞之稍能自樹。嗣後，若浯銅新募遊兵，在南澳、彭山破賊似是奇功，（銅山寨總張）萬紀報陞，僕為之具牘（撫、按）兩臺，請留萬紀以需緩急，其說已後時而不可行矣。有容一人耳，而兩陣[指東椗之捷和彭山洋之役]擒獲功級已六十餘名，殲洎于海洋者不與焉，有容功當首錄，必題敘欽（依把）總，其人纔為我用，而當事者亦明于報功，後來將士庶幾效命。今歲賞罰正人心觀望之秋，諒臺下[指按察使徐見吾]自能力為主持，不待愚言之贅

---

[42] 明代，福建各路的水寨、遊兵將弁，雖由福建總兵直接地統轄指揮，但需接受該地監軍的分巡、分守二道所監督。本文所探討主題的浯銅遊兵和浯嶼水寨，因此時母港基地皆設在泉州同安的廈門（浯嶼水寨於萬曆三十年時，北邊泉州晉江的石湖。），而布政司在泉州府未派有分守道駐鎮，僅由按察司轄下的分巡道──即分巡興泉道來負責監督。分巡興泉道，係由按察司長官的按察使，調派轄下的按察副使或僉事，監督興化、泉州二府境內水、陸官兵的運作情形，包括稽查姦弊、課殿功罪、處置錢糧等項事務，以達到軍事的「指揮權」和「監督權」兩者分離之目標。

[43] 根據筆者推估，文中的「方伯徐見吾」，疑指時任福建按察使的徐應奎。徐，浙江鄞縣人，隆慶二年進士，亦曾擔任過福建布政司右布政使一職。

也。昨得張帢戎[疑指北路參將張岳]遺書，力言（臺山
遊兵把總）林邦佐之功所當優敘，夫臺山（遊兵）所獲
止四倭耳，帢戎且為力爭，而況浯銅（遊兵）十數倍于
此乎？……浯銅（遊兵）議加欽（依把）總比于南澳（遊
兵）、海壇（遊兵）事例，所以為酬功，地亦欲有容之為
泉[即泉州]屬有也。倘撫臺[指閩撫金學曾]之意不然，各
路（水）寨、遊（兵）有缺，當以有容題補，在閩猶在
泉，則尤不佞[指王在晉]之公心耳。不佞因驚心春事，
四顧無可用之人，故為地方力保有功之將，事屬至公，
不知引避，惟高明其垂亮焉。[44]

王認為，指臺山遊兵才獲倭盜四人，該遊上司的北路張姓參將
即替其力爭要敘功獎勵，沈有容在東椗、彭山洋二役擒斬六十
餘人，功勞十數倍于此，建議當比照南澳、海壇二遊兵指揮官，
將他由名色把總陞格為欽依把總，此一建議，係「故為地方力
保有功之將，事屬至公，不知引避，惟高明其垂亮焉」；而且，
值得留意的是，王在上文中還語及沈的為人，稱「有容功當首
錄，必題敘欽（依把）總，其人纔為我用」，似乎在他的眼中，
沈是位重視功名地位之人，若不將他陞為欽依把總，不易令其
為政府完全地效命？

44　王在晉，《蘭江集》，卷之20，〈書‧與方伯見吾徐公書二首（其二）〉，頁24-25。
文中的「張帢戎」，疑指時任北路參將的張岳或張守貴，因目前相關資料不足，
難以確定，特此說明。

除此之外，他還寫信告訴沈有容、馬權二人的上司——南路參將施德政，[45]建議由沈出任浯嶼寨總一職，言道：

> 馬權悷懦，氣且不振，已向軍門請人侯代，而撫翁[指閩撫金學曾]必欲不佞[指王在晉]推舉，隨將某列名具揭，然鄙意則欲沈有容代之，若人兩建奇功[指東椗之捷和彭山洋之役]所當推擢，而浯銅別委管攝事為兩便，然不識大老云何，門下亦以為然否？[46]

筆者推估，王積極主動地為沈爭取陞任浯嶼寨總或陞格為浯銅欽總，除了浯嶼寨總馬權的能力和表現有問題外，最主要是他在東、彭二役中突出的表現，此舉的目的有二，一者為獎勵優敘沈之戰功，一者係考量沈的為人，「功當首錄，必題敘欽總，其人纔為我用」，總而言之，就是王所說的，「為地方力保有功之將」，並非是為自己的私利考量。之後，王或許是見主事者遲遲未有進一步行動，遂再接再厲地，上揭文給乞休候代的閩撫金學曾，說道：

---

45 施德政，江蘇太倉人，武進士出身，萬曆二十五年出任南路參將一職。據史書所載，施任職南路參將期間表現不俗，王在晉便曾讚評：「枲戎施公[即施德政]以（萬曆）二十六年海上戰功，詔進秩副總戎，督漳南兵事。漳南絕險，為東倭門戶，公捍禦有法，漳人藉庇焉」。見王在晉，《蘭江集》，卷之 11，〈賀總戎雲石施君受欽賜公子中武科入泮序〉，頁 13。

46 王在晉，《蘭江集》，卷之 20，〈書‧與雲石施枲戎書九首（其二）〉，頁 9。

日聞倭寇劫掠交趾[今日越南]回廣（東），沿海嚴備。今
春獲得功次，當以沈有容為最，此人勇敢直前，不避矢
石，疇不愛身，所志在功名耳，邇因方矩攻訐，頓圖歸
計。職[指王在晉]謂，題敘在邇，苦苦勉留，海上若有
容者，知兵可用，必祈台臺[指閩撫金學曾]敘入本內，
復其欽（依把）總，方足酬功。泉[即泉州]南重地，浯
嶼（水寨）官兵無足倚仗，所恃浯銅遊兵夾持，職欲將
該遊比南澳（遊兵）、海壇（遊兵）事例，加一欽（依把）
總，即題敘有容補之，泉屬得若人，為可托萬一，浯銅
（遊兵）不便更改，仍舊委用名色（把總），則浯嶼（水
寨）、小埕（水寨）、烽火（門水寨）、海壇（遊兵）當動
一人，亦使無功將士知警，有缺當以有容推補，在閩猶
在泉，職亦不敢必留有容為泉屬用也。[47]

王再次地建議，讓沈有容陞格為欽依把總，而浯銅遊兵改維持
原先的名色把總，沈則陞補到浯嶼、小埕、烽火門和海壇四寨
遊（指揮官皆欽依把總）其中一處，同時，此舉亦給無功的將
弁一個警惕！王還在上文中，特別提及到沈，「此人勇敢直前，
不避矢石，疇不愛身，所志在功名耳」，但是，最近遭到其他將
領方矩的攻訐，讓他有些許地不如意，頓生不如歸去之感，王
希望福建當局能留住人才，請金學曾儘快出面協助解決此事！

---

[47] 王在晉，《蘭江集》，卷19，〈書帖‧上撫臺省吾金公揭十三首（其九）〉，頁15。
上文中的方矩，疑時任南澳遊兵把總一職，特此說明。

亦因為王持續不懈地努力，就在不久之後，同一年即萬曆二十九年（1601）十二月，新任視事的閩撫朱運昌，[48]便將沈有容陞任為浯嶼水寨把總，沈在他的回憶錄中，亦言道：

> 至辛丑[即萬曆二十九年]十二月，在北滇南朱公[指閩撫朱運昌]撫閩，即題補容[即沈有容]于浯嶼（水寨）。隨議改（遷水）寨于石湖。[49]

由上可知，沈因浯銅遊總任內兩次突出的戰功，除獲長官高度的肯定，並被拔擢陞任為水寨欽依把總，筆者相信如此的結果，期間從中大力推薦和奔走的王在晉，當感到心滿意足，因為，他的努力並沒有白費力氣，而沈的戰功人事晉陞案，至此，亦畫下了一個完美的句點。

四、結　　語

綜合以上內容，可以得知，沈有容能由原先的浯銅遊兵名

48　朱運昌，雲南前衛軍籍，直隸丹徒人，萬曆庚辰進士。朱，原職為福建左布政使，以右副都御史巡撫福建。萬曆二十九至三十年任。

49　沈有容自傳稿〈仗劍錄〉，載於姚永森〈明季保臺英雄沈有容及新發現的《洪林沈氏宗譜》〉，《臺灣研究集刊》1986 年第 4 期，頁 88。文中的「隨議改寨于石湖」，係指浯嶼水寨於萬曆三十年北遷泉州晉江的石湖。浯嶼水寨，有明一代曾經遷移過三次，明初洪武時該寨設在漳、泉二府海上交界的浯嶼，明代中期以前內遷到同安的廈門，之後，再北遷到泉州灣岸邊的石湖。有關該水寨遷徙的詳細經過，請參見何孟興，《浯嶼水寨：一個明代閩海水師重鎮的觀察（修訂版）》（臺北市：蘭臺出版社，2006 年），頁 149-200。

色把總陞任為浯嶼水寨欽依把總，其主要原因有二：一沈有容
在浯銅把總任內表現突出。他在萬曆二十九年（1601）四月東
椗之捷和五月的彭山洋之役，共擒斬倭盜六十餘人，相對於此
時其他寨、遊兵船多為倭盜所掠之景況，此一優異表現，深獲
明政府高度地肯定。二、浯嶼水寨把總馬權表現失職遭到撤換。
馬本人懦怯無能，加上，轄下的哨官又被搶走二艘兵船，而遭
革俸之懲處，並被認為不適再任該寨指揮官，「泉南重鎮[指浯
嶼水寨]亟宜易將」。至於，沈有容最後能順利陞任浯嶼寨總一
職，其中，最主要的關鍵是王在晉的大力地推荐，以及他鍥而
不捨地努力的結果。而最令人折服感動的是，王此一舉措的出
發點，不是為一己之私利，是為了福建海防整體利益著想，即
如他所說的，「為地方力保有功之將，事屬至公」。因為，沈在
東椗、彭山洋二役中表現實在太優異，王認為「（沈）有容功當
首錄，必題敘欽（依把）總，其人纔為我用」，亦即他努力地為
沈爭取陞任欽依把總，除了因高度肯定沈在東、彭二役中的表
現，獎勵優敘其突出之戰功，另外，還有個重要的理由，亦即
考量到沈的為人特質，為此，王還曾特別地提醒閩撫金學曾，
稱沈「此人勇敢直前，不避矢石，疇不愛身，所志在功名耳」，
加上，最近又遭其他將領的攻訐，恐其心生辭職返鄉之念，所
以，一定要為沈爭取陞遷之機會，透過陞遷來留住他，不要讓
福建水師平白地丟失掉一位克盡職責、擒斬倭盜，能建戰功的
良將。

（原始文章刊載於《硓𥑮石：澎湖縣政府文化局季刊》第 81 期，澎湖縣政府文化局，2015 年 12 月，頁 2-22。）

附圖一：澎湖天后宮內沈有容殘碑遠眺，筆者攝。

附圖二：「沈有容諭退紅毛番韋麻郎等」殘碑特寫，筆者攝。

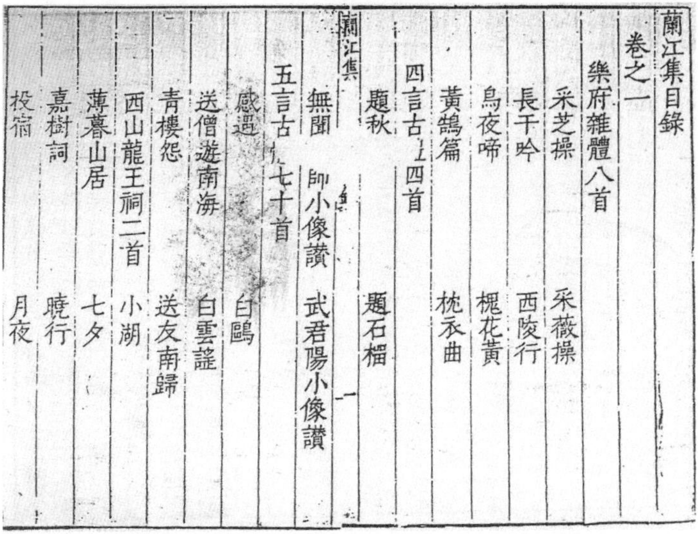

蘭江集目錄

卷之一

樂府雜體八首

采芝操　采薇操
長干吟　西陵行
烏夜啼　梔花黃
黃鵠篇　枕承曲

四言古上四首

題秋　題石榴

蘭江集

無聞　即小像讚　武君陽小像讚

五言古七十首

感遇　白鷗
送僧遊南海　白雲謠
青樓怨　送友南歸
西山龍王祠二首　小湖
薄暮山居　七夕
嘉樹詞　曉行
投宿　月夜

附圖三：珍稀史料《蘭江集》目錄書影，筆者攝。

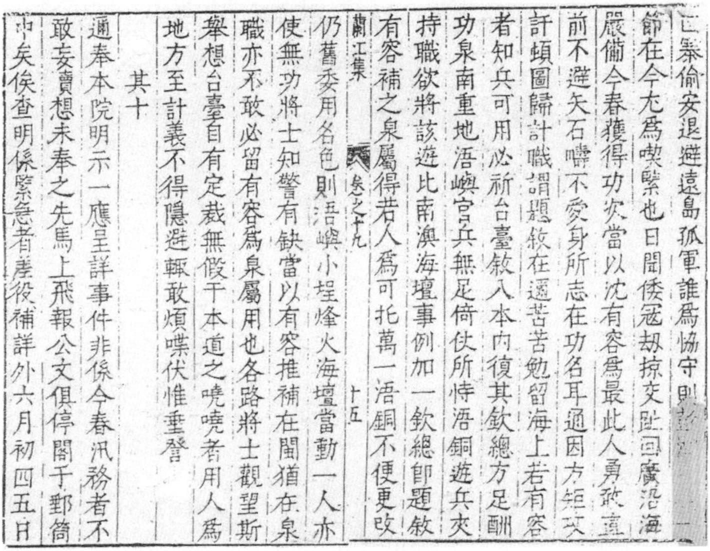

蘭江集　卷之九　十五

……偷安退避遠島孤軍誰爲協守則節在今尤爲喫緊也日間倭寇劫掠支臨回廣泛海嚴備令春獲得功次當以沈有容爲最此人勇敢直前不避矢石嘗不愛身所志在功名耳通海上若有許頓圖歸計職謂題敘敘在遠苦苦勉留海上方足酬者知兵可用必祈台敘八本內復其欽總遊兵夾功泉南重地浯嶼宮兵無足倚恃所恃浯銅遊兵夾持職欲將該遊此南澳海壇事例加一欽總卽題敘有容補之泉屬得若人爲可托萬一浯銅不便更改仍舊委用名色則浯嶼小埕烽火海壇當勤一人亦使無功將士知警有缺當以有容推補在閩猶在泉職亦不敢必留有容爲泉屬用也各路將士觀望斯舉想台臺目有定裁有容無假干本道之曉曉者用人爲地方至計義不得隱避輒敢煩喋伏惟垂鑒

其十

通奉本院明示一應呈詳事件非係今春汛務者不敢妄賣想未奉之先馬上飛報公文俱停閣千郵筒中矢候查明係際急者產役補詳外六月初四五日

附圖四：珍稀史料《蘭江集》內頁書影一，筆者攝。

托漳南重地當事者虛聲努懸隔指顧未逞職以淺
材始任事機少諳師心自用中夜徬徨非其知難而
懼則以地方任重恐負台臺之委託也撫臺開府建
州報聞稍緩賊情緊迫調度宜先不獲不嘵嘵瑣瀆
仰惟淵畫精詳多方指授將士積習惰安一朝有事
倉皇錯愕併望台臺尊令重申振厲起懦常如大敵
預保萬全職曷任懇切月聞之至

其二

年來滄海無波豈謂今春賊鋒狂逞瀕海黃耇未嘗

蘭江集　卷之二十九　二十二

習覩視戊戌之變且數倍焉猶藉台庇如天機宜閩
邑地方安堵民社不驚環海稍爲有備廣賊未至乘
虛結局有期而旬餘似可息肩矣官兵抵敵間或收
効桑榆而寨遊亦往往有失有如本院憲牌指摘窮
燭遠微切中時弊職請得而陳其概以備台臺之裁
譬可乎若海壇若小埕若浯嶼若湄州均之損失船
兵者也海壇之被搶者一而浯嶼之被搶者二債事
之愆誰能諱之然明言搶失使人猶可端倪若小埕
則搶船而以獲功報矣壑山之搶賊也而船報衝沉

附圖五：珍稀史料《蘭江集》內頁書影二，筆者攝。

條陳防海事宜議

福建僉事王在晉云今春防汛自三月二十八日以
至今不數日而羽檄已交馳矣有言賊船數隻者有
言賊船四五隻者番盔角甲刀銃不計其數雖未必
其言之盡實而談虎色變可謂其虛張而無當哉賊
假借漁船蓬號或餉船爲其所獲或奸民爲其引導
事屬不可知而耳目易混防禦爲難非若番船之一
望而可識也兵防事宜所載倭船入境沿海船隻寸
板不許下海儻亦今時之當禁戢者乎哨官與賊遇
督駕捕盜揚帆追擊若非隣哨之適值援兵之繼至

海防纂要　卷之十一　十二

則孤舟勢弱力必不支今一總止見一哨而一哨止
坐一船萬一賊船三五合圍何以抵敵舟師條約所
載倭次開船首尾相接鴈行而進不許遠離艐哨此
非今日之當嚴飭者乎見賊合艐窮追然必我兵勢
重前後應援相繼方保無失若孤軍追擊恐爲賊誘
引入重地如海壇哨見賊窮追統船前進至今數月
尚無的報聞警之後雖嚴行各路策應事屬已晚合
以後凡捕盜發船而哨官不應哨官擊賊而把總不
知者皆坐以慢令之罪軍律不可不肅也自二十六
年海上殺賊戰功迄今未敘人心解體夫賞罰不用

附圖六：珍稀史料《海防纂要》內頁書影一，筆者攝。

一隻約倭七十餘徒乘帆向東洛下洋望東南行使

哨官張邦達隊長狄龍等瞭見飛報溫處兵巡道按

察使湯　署參將事都司孫蓋臣即督官兵葉得春

等駕船追賊過近亂發矢石銃炮四圍攻打賊亦放

銃矢對敵自午至酉賊見我兵兇猛勢難抵敵亂竄

下水當生擒活倭一十九名并馘倭仗呈解　督撫

批行三司各道會官譯審賊殺黃紙等吐稱夷

劉

犯熊普達等海中劫擄米貨殺死客商三人情真林

元等勾引事實會同按院馬　看得渺茫一海華夷

共之漁商牟利餌賊島夷以乘汛擾我所從來泉自

海防纂要　卷之　十三

關會有事朝鮮海上數年絕警及金倭遁而島夷都

東南者漸有覬心去年使船突來狡謀巳兆今歲分

踪劫劫狂態益張兇其器利船堅大非昔比官兵卒

遇技力難施聲聞內地羣情巳自驚惶萬一隄備不

嚴縱令關入其貽害非小小者今幸沿海裊地預

防惟謹而溫區官兵遠哨遇敵合圍攻打縱火英擊

以致燬其來船溺其倭衆生擒一十九名具　題虜

分以靖海邦　已上俱海防類考

　　漳泉之捷

萬曆二十九年春在晉入閩抵泉州受事代庵巡守

附圖七：珍稀史料《海防纂要》內頁書影二，筆者攝。

以 撫 代 勦：
談沈有容在海盜袁進降撫事件中之貢獻

一、前　　言

> 漳、泉海寇，起自袁進；進，受撫於閩將沈有容。進之
> 後有李忠，亦以就撫，與進並於遼東效用。忠之後有楊
> 祿、楊策，祿、策之後有鄭芝龍。
>
> ——吳偉業·《綏寇紀略補遺》

　　上述的這段文字，[1] 係明人吳偉業在《綏寇紀略》一書中，
[2] 對明末神宗萬曆（1573-1620）晚年至思宗崇禎（1628-1644）

1　　吳偉業，《綏寇紀略補遺》（下），〈附紀〉，收入董應舉，《崇相集選錄》（南投市：
　　臺灣省文獻委員會，1994 年），附錄五，〈漳泉海寇〉，頁 129。
2　　吳偉業，字駿公，號梅村，南直隸太倉人，著《梅村集》、《綏寇紀略》……等
　　書。

初年幾位接受明政府招撫的知名海盜－－包括有袁進、李忠、楊祿、楊策和鄭芝龍，所做的概略介紹。[3]吳在上文中指稱，福建漳、泉二地海盜猖獗源起自袁進，而他後來接受了將領沈有容的招撫，之後的另一海盜李忠，同樣亦受撫於沈，史載，「（萬曆）四十四年，倭犯福建。巡撫黃承元[按：避諱字，應「玄」]請特設水師，起（沈）有容統之，擒倭東沙。尋，（沈有容）招降巨寇袁進、李忠，散遣其眾」，[4]即是指此；至於，袁、李二人受撫的時間，則同是在萬曆四十七年（1619）的秋天。[5]

　　袁進，可稱是明末東南海盜問題猖獗第一個引人注意的大海盜。崇禎年間，時任給事中的何楷，在評論福建海盜的奏疏中，便曾語道：「臣家居海濱，頗悉近事。自袁進、李忠初發難而後寇禍相繼者二十餘年。惟進與忠及（鄭）芝龍三人就撫，進、忠用之於遼東，竟沒沒無聞焉；芝龍建功海上，漸躋副將

3　海盜楊祿（即楊六）和楊策（即楊七）先於熹宗天啟六年接受明政府招撫，次年，祿、策二人卻又復叛，之後，並遭仇敵鄭芝龍所消滅。至於，海盜鄭芝龍，又名一官，泉州南安人，亦在崇禎元年時接受明政府的招撫。鄭，是明末東南海上的風雲人物，並對啟、禎年間福建沿海情勢的發展，影響頗為巨大。

4　張其昀編校，《明史》（臺北市：國防研究院，1963 年），卷 270（列傳第 158），〈沈有容〉，頁 3039。另外，附帶一提的是，上文中出現"[按：避諱字，應「玄」]"者，係筆者所加的按語，本文以下內容中若再出現按語，則省略如上文的"[避諱字，應「玄」]"。此外，筆者為使本文內容前後語意更為清晰，方便讀者閱讀的起見，有時會在文中引用句內「　」加入文字，並用符號"（　）"加以括圈，例如上文的「（萬曆）四十四年，……」，特此說明。

5　請參見曹學佺，《石倉全集·湘西紀行》（臺北市：漢學資料研究中心，景照明刊本），下卷，〈海防·倭患始末〉，頁 45。

矣。……」，[6]指稱袁進和李忠被招撫後，曾被派往遼東守邊，有關此，明人曹學佺嘗稱，袁、李二人受撫後，明政府待之不薄，皆被授予名色把總一職，[7]於軍前聽用，萬曆四十八年（1620）沈有容往赴山東登萊、出任新職山東副總兵時，袁、李並隨其前往，之後，再往赴遼東援助軍務；[8]而且，袁進之後在宦途上亦有不錯之表現，似非如上述何楷所稱的「竟沒沒無聞焉」，有史書便稱，袁有大將之材，「後，果由裨校進大都督」。[9]

由前文知，海盜袁進不僅受撫於明將沈有容，而且，在沈陞任副總兵往赴山東履新時，他還隨行前往，可見他個人和沈之關係似乎不淺，一位是萬曆晚年知名的大海盜，一位是在東番（今日臺灣）勦殺倭盜、澎湖勸退荷人名載史冊的良將，兩人因福建當局採招撫之政策而產生互動，令人感到新鮮和好奇。為此，筆者蒐羅袁進受撫相關之史料，希望透過本文來探討沈有容在此次招撫事件中所做之貢獻，同時，並利用底下的章節，來對上述問題進行一連串的討論；它的內容，主要分成

6　給事中何楷，〈論閩省海賊疏〉，收入臺灣史料集成編輯委員會編，《明清臺灣檔案彙編（第一輯第一冊）》（臺北市：遠流出版社，2004 年），頁 438-439。

7　明時，把總是中低階的將領，並有「欽依」和「名色」的等級區別，欽依權力地位高於名色，「用武科會舉及世勳高等題請陞授，以都指揮體統行事，謂之『欽依』。……由撫院差委或指揮及聽用材官，謂之『名色』。」見懷蔭布，《泉州府誌》（臺南市：登文印刷局，1964 年），卷 25，〈海防・附載〉，頁 10。

8　有關此，請參見曹學佺，《石倉全集・湘西紀行》，下卷，〈海防・倭患始末〉，頁 46。

9　懷蔭布，《泉州府誌》，卷 56，〈明武蹟・王夢熊〉，頁 34。

兩個篇章，前為「海盜袁進受困廣東被迫求撫請降」，後為「沈有容在招撫袁進事件中之貢獻」。其中，後者係本文之討論重點，故又細分成三個小節來進行說明，內容包括有「福建當局改採撫策原因不單純」、「沈有容親赴袁處接受求撫經過」和「袁進受撫相關後續問題之說明」。至於，本文的主標題「以撫代勦」，係因明政府在對付海盜所採取之策略，勦攻或招撫是主要之二法，而此次福建當局對付袁進則屬後者，亦即用招撫的手段來替代勦攻之策，故之。最後，因囿於個人學養，文中若有誤謬或不足之處，敬請讀者方家指正之。

二、海盜袁進受困廣東被迫求撫請降

在說明海盜袁進受困廣東被迫求撫之前，先對袁進相關的事蹟，做一簡略之介紹。筆者目前所知，袁係福建泉州同安人，綽號八老，他與夥伴李忠（漳州龍溪人），糾結黨徒群眾，以閩、粵交界處的南澳島做為巢穴，並在上述二省間流竄打劫。[10]例如在萬曆四十六年（1618）時，袁便劫掠了漳州詔安沿海一帶的村落。[11]同年（1618）的五月，他亦曾進犯廣東潮州的揭陽，

10　上述的內容，請參見周碩勳，《潮州府志》（臺北市：成文出版社，1989 年），卷38，〈征撫・袁進　李忠〉，頁 41。

11　請參見臺灣銀行經濟研究室，《漳州府志選錄》（南投市：臺灣省文獻委員會，1993 年），頁 10。

史載，「時，承平日久，民不知兵，聽其飽颺而去」。[12]

　　至於，袁進後來會去找明政府請求招撫之原因，主要是他迫於現實的環境，不得不出此下策。有關此，明人曹學佺在《石倉全集‧湘西紀行》中，嘗指出其源由，內容詳如下：

> （萬曆）四十七年秋，海寇袁進、李忠赴（閩省）轅門投降。初，進等飄颻海上已久，囊有餘貲，既迫于廣兵之追捕，又苦于閩寨之緝防，計無復之，乃令家屬袁少昆等詣（福建）南路副將紀元憲、水標參將沈有容軍前乞降，……。[13]

由上可知，袁進在海上遊弋已有些時日，且累積一些錢財，然其流劫閩、粵之惡行，不僅引起上述二省當局的注意，並成為官軍共同追緝打擊的目標，他便因一方面遭到廣東官兵追捕所逼迫，另一方面又需應付福建水師之緝防，可稱是「蠟燭兩頭燒」，處境苦不堪言，且又想不出更好的對策，所以，便派遣他的家屬袁少昆等人，去找福建南路副將紀元憲和水標遊擊參將沈有容，洽談乞降請撫之事宜。其次，讀者或許會感到納悶，袁進同受二省官軍追緝，為何不找廣東卻找福建當局求撫？筆者推估，此當與廣東當局勦討袁之手段，較為嚴厲且堅定有關。清人周碩勛纂修的《潮州府志》，嘗語及此，曰：

---

[12] 吳穎，《〔順治〕潮州府志》（北京市，書目文獻出版社：1997 年），卷 7，〈兵事部‧袁進之變〉，頁 34。

[13] 曹學佺，《石倉全集‧湘西紀行》，下卷，〈海防‧倭患始末〉，頁 45-46。

> 袁進同安人，李忠龍溪人，糾黨流刦閩、粵間，以南澳
> 為巢穴。萬曆[避諱字，應「曆」]四十七年己未，議勦。
> （為此，）南澳遊兵一支合艅彭山，一支合艅雲蓋寺，
> 柘林遊兵合艅廣澳，三面犄角，設奇制勝。賊大窘，丐
> 降。[14]

由上可知，隸屬於廣東水師的南澳遊兵，其艦隊一支集結在閩、
粵交界海上的彭山，一支集結南澳東南的雲蓋寺，至於，與南
澳隔海相望的柘林遊兵艦隊，則集結在廣澳。上述二遊三地的
艦隊，構成鼎足犄角之勢，且此一設奇制勝之策，不僅對袁進
構成嚴重的壓迫和威脅，並逼得他形勢大窘，難以動彈，而不
得不向明政府乞降求撫！此外，清人王葆心在《蘄黃四十八砦
紀事》一書中，亦曾語及，時任廣東按察司副使的梅之煥，嘗
參與指揮過廣東水師清勦袁進的工作，因為，此條史料對瞭解
這段歷史有所助益，特摘錄其文供讀者參考，其內容如下：

14　周碩勛，《潮州府志》，卷 38，〈征撫‧袁進　李忠〉，頁 41。文中的「己未」，
　　係因萬曆四十七年，歲次己未。其次是，「合艅」的「艅」字，此處係指兵船集
　　結編隊之意。至於，彭山位在閩、粵二省交界海上，與南澳島相對（請參見臺
　　灣銀行經濟研究室編，《漳州府志選錄》，頁 107。）；雲蓋寺，位處漳州詔安，
　　係走私猖獗之地，萬曆四年時，漳州海防同知羅拱辰曾築城於此，調兵哨守。
　　史載，「雲蓋寺，在南澳山之東南，可泊西北風船五、六十隻。其地有水源二穴
　　相聯，倭寇常汲於此：汛地極衝」（見同前書，頁 106。）；柘林，位在廣東潮州，
　　地處大城守禦千戶所南側海邊，近鄰福建邊界，隔海和南澳遙相望，地理位置
　　重要！嘉靖四十五年時，兩廣提督侍郎吳桂芳奏准，復設柘林守備，以禦敵犯。

梅之煥，字彬父，麻城人，侍郎國禎從子。其先，宋宛
陵先生後也。……（萬曆）甲辰，舉進士，選翰林院庶
吉士；……出為廣東按察司副使，分守惠州。惠（州監）
獄多冤結，拷一連十，累歲不得決；（梅之煥）閉門，周
視案牘；期旦日會堂下，據案呼囚，明舉其刑，書云何
據，幾決遣□。獄成於手中，奄忽如神。……海寇袁八
老[即袁進]掠（廣東）潮（州），殺守吏；潮（州）非（梅
之煥）所部，自請往勦。（梅之煥）嚴兵扼海道，絕餽運
樵汲，散免死牌數千，首服者接踵；八老窘迫，乘潮夜
遁，乞降於閩。[15]

上文指稱，因袁進殺害廣東潮州地方守吏，行徑猖狂囂張，讓
按察惠州的副使梅之煥看不下去，自請前往協助官軍勦討；梅
至，要求官軍嚴密扼守海道，不讓袁眾隨意流竄，並斷其糧餉、
補給運送之門路，同時，對袁進手下進行大規模地招降動作，
寇眾因之而降的接踵不斷，讓袁進的實力大為削弱，最後，迫
使情勢窘迫的袁，乘著潮水夜遁它方，最後，跑去向福建當局
求撫請降。

　　至於，上述《蘄》書所載梅之煥參與勦袁的事蹟，是否與
前文《潮》志所說的南、柘二遊艦隊集結三地脅迫袁進乞撫，

15　王葆心，《蘄黃四十八砦紀事》（臺北市：臺灣銀行，1972 年），卷 3，〈山砦列
　　傳〉，頁 65-66。另外，上文中「幾決遣□」的「□」，原書係符號"（？）"，疑
　　其字跡不清，遂以此符號替代之，特此說明。

它們所發生的時間和地點是否相同，兩者是否係屬同一件事？因為，目前相關史料難覓，筆者無法進一步去做推斷，但確定的是，因廣東當局採取堅定的勦攻措施，導致袁進情勢大為窘困，被迫逃離了潮州，北上改找對他勦攻較不嚴厲的福建當局，來謀求招撫的可能性，藉以覓尋下一步的出路！

三、沈有容在招撫袁進事件中之貢獻

在上文中，已對海盜袁進遭廣東當局（以下簡稱「粵府」）嚴密的勦攻措施所逼迫，逃離潮州前往閩省尋求降撫的經過，做過了說明。至於，福建當局為何會改採招撫的策略，接納袁進的請降，以及袁求撫請降的經過，詳細情形又是如何，筆者將於本節中做進一步的討論。

（一）福建當局改採撫策原因不單純

首先要談的是，福建當局（以下簡稱「閩府」）採撫策原因之推估。或許讀者會感到疑惑，閩府為何未採取粵府強力清勦手段來對付袁進，反而卻轉變了態度，改採招撫的策略接納其求降，有關此事之原因，身歷其事的沈有容，在其回憶錄〈仗劍錄〉中，曾如此地說道：

> （此時，）又值袁八老[即袁進]焚劫海上，諸（水）寨、游（兵）船不敢正目以視，軍門[指閩撫王士昌]又以屬

> 容[即沈有容]。八老遁東粵，容所統兵船少，追捕亦難，
> 姑遣人與其族之有心計者招之。（八老）幸聽命，容等請
> 于軍船[誤字，應「門」]，許之。[16]

在上文中，沈指稱，袁進寇擾劫掠海上，福建沿岸水寨、遊兵
官軍均不敢正面與其對抗，為此，巡撫王士昌將對付袁進的工
作交付給他。之後，袁遁走廣東東部（應指潮州），他因本身水
標遊擊轄下直屬的兵船數量不多，難以達到追捕袁賊的目標，
故改變原先思維，姑且嘗試改採招撫之方式，派人與袁進家族
中有心請降者聯絡，而接洽過程中頗為順利，袁有接受招撫之
意願，為此，便向福建巡撫王士昌請示是否可行，[17]而得到王
的許可。

從上述的內容來看，閩府會對袁進改採招撫的政策，似乎
是沈有容的個人意見所主導的，而且會採取此策，係因其轄下
兵船寡少、難以追捕袁賊的窘境下，所採取的不得不之措致。
然而，閩府真如沈上述所稱的理由，對袁進的主張便由先前的
緝捕轉為招撫，對此，筆者目前持保留的態度，其原因主要有
二。首先是，明人何喬遠對此事之源由，有不同的說法。他指
出，袁進糾眾猖獗海上，沈有容和紀元憲領兵欲加勦討，袁等

16　沈有容，〈伏劍錄〉，收錄於姚永森〈明季保臺英雄沈有容和《洪林沈氏宗譜》〉，
　　《安徽史學》1987 年第 1 期，頁 31。
17　王士昌，浙江臨海人，萬曆十四年進士，原職為大理寺右少卿，以右副都御史
　　巡撫福建，萬曆四十六至光宗泰昌元年任，卸職後，歸卒。

聞之，逃往廣東，並與福建赴粵販貿者為難，導致海上航道不通，商民大為所苦，因此，「公[指沈有容]思造命商民，倡義招撫，得請於中丞臺[指閩撫王士昌]遣官諭意」。[18]其次是，個人認為此事背後之原因並不單純，其理由主要有五，內容如下──

一、閩府對袁進此一「流劫地方，殺害守吏」的大海盜，其處理之態度，竟然由「勦」成「撫」，做了一百八十度的大轉變，不僅啟人疑竇，且令人感到錯愕，同時，又與鄰省粵府強力清勦方式有著極大的反差，看來十分地突兀！

二、吾人若以常理來推斷，閩府在對付劇寇袁進時，究竟該採「勦」或「撫」策，背後定經一番的評估才做決定，[19]絕非如沈有容所稱的那麼單純，只因為他自身兵力不足而已！或許兵力不足而被迫改採撫策，僅係其中一個原因，而非全然因為此一原因，便就大轉向而改採撫策！

三、此次直接參與招撫袁進的工作，尚有官階比沈更高的南路副將紀元憲，相信紀對此事究係該採勦策或撫策，當有自己之定見，吾人由明人何喬遠〈署水標參將勳德碑〉中得悉，

---

18 何喬遠，〈署水標參將勳德碑〉，收入沈有容輯，《閩海贈言》（南投市：臺灣省文獻委員會，1994 年），卷之 1，頁 18。

19 任何政府內部的軍事決策或計劃，皆具有高度的機密性，外人不易窺知其細節和經過。同樣地，此次福建當局決定對袁進改採撫策，其決策過程便因缺乏相關史料，而難做進一步的推估或說明，吾人僅知此事，係經過官方評估後才做的決策，至於，評估過程的內容及其源由究係為何，今日已難以得知！

紀先前對袁亦採勦攻的態度，[20]但他後來不知何故卻改為招撫，其間為何會發生如此之變化？然因紀有關此事之史料難覓，他改採撫策之理由為何，以及是否與沈的說法相同？這些的問題，不僅後人難以知曉，同樣亦令人感到納悶！

四、沈任水標遊擊參將一職，係福建沿海水師官階最高之將領，雖然轄下直屬兵船不多，但假若閩府此時決意採取似粵府般地強力清勦之手段，福建沿海水師的五寨七遊亦有不少兵力，可提供給沈來差遣調度，[21]故筆者私下懷疑，「兵船寡少，難以追捕」或許可能是沈不願勦攻袁寇的推託之詞！

五、閩府最高的長官－－巡撫王士昌對袁進的態度究竟為何，亦頗堪後人玩味。因為，在袁降撫後，王曾上奏中央：「海寇袁進聽撫，令之立功海上自贖；並敘文武將吏，帶管（巡）海道岳和聲等、（南路）參將紀元憲等撫勦勤勞」。[22]而此時的王，卻遭御史王槐秀以「貪肆不檢」之罪名所參劾，槐秀更直

---

20 有關此，請參見何喬遠，〈署水標參將勳德碑〉，收入沈有容輯，《閩海贈言》，卷之1，頁18。

21 明人董應舉在〈總理水軍參府題名碑〉中嘗稱，水標參將沈有容鎮守定海（位處福州連江），「嚴城守、峙糧儲、增艅艎、厚兵力，驅使五寨七游如指從臂，往來交盪於海中，使奸宄惕息，不敢生心，蓋將有待焉。……」（見該文，收入沈有容輯，《閩海贈言》，卷之1，頁19。）。至於，此時福建水師的「五寨七遊」，「五寨」即福寧的烽火門水寨、福州的小埕水寨、興化的南日水寨、泉州的浯嶼水寨和漳州的銅山水寨，「七遊」則可能包括有臺山、嵛山、五虎、海壇、湄洲、浯彭和南澳等七支遊兵。

22 臺灣銀行經濟研究室編，《明實錄閩海關係史料》（南投市：臺灣省文獻委員會，1997年），光宗泰昌元年八月辛亥條，頁125。

斥「強賊袁八老[即袁進]之委用，人稱『軍門外府』；……（王
士昌）志衰宦成，心弛防檢；亟宜罷斥」。[23]王士昌，做為閩府
最高之決策者，除先前對袁進做出由勦轉撫的大改變外，且在
袁降後，不僅未誅罰他，反而待以隆恩，並任命他為把總於軍
前效力，為此，袁還被譏諷為「軍門外府」！對照上述這三件
事，便可發現，王對待袁進的態度不僅特別而且寬厚，並有些
不符合常理；至於，其背後真正的動機或原因究竟為何，因目
前史料難覓，後人亦不易知曉。

　　吾人若綜合以上五點理由，可以得知，對照於鄰省強力之
清勦，閩府對付海盜袁進的方式，卻由「勦」轉「撫」，做了甚
大的改變，而其背後之原因並不單純，應不僅只有沈有容所稱
的「兵船寡少，難以追捕」而已，並且，相信閩撫王士昌在此
次招撫的決策過程中，扮演著一個重要且關鍵的角色。

（二）沈有容親赴袁處接受求撫經過

　　筆者在前節中曾提及，閩撫王士昌在福建當局招撫海盜袁
進的決策過程中，扮演著重要關鍵的角色。因為，袁進遭到廣
東水師強力清勦後，由潮州向北逃入閩地後，前文已述及，明
人曹學佺指稱，袁曾透過家屬與南路副將紀元憲、水標遊參將
沈有容二人洽談請撫事，沈亦指出，他曾與袁的族人聯絡招撫
事宜，……。對於，袁欲請撫一事，王士昌個人並不反對，且

23　同前註。

以「震以必殺之威，開以可生之路」做為處理此事之大原則，
並以此來指示負責接洽受撫事宜的紀、沈二人，有關此，明人
葉向高為感念王在閩撫任內事功所寫的〈中丞王公靖寇碑〉，便
曾言道：

> 中丞臨海王公[即閩撫王士昌]開府于茲，飭戎經武百凡
> 慎毖，藩[指布政使司]、臬[指按察使司]諸大夫悉皆民譽
> 咸展厥猷，自元戎以至偏裨罔不戮力，諸懷奸藏慝、潛
> 圖不軌者皆以次擒薙，薰街之首常懸，京觀之尸間築。
> 劇寇袁進、李忠輩遊釜驚魂、食椹變響，遣其親屬輸誠
> 效順，公[即閩撫王士昌]又授策于（南路）副總兵紀元
> 憲、（水標）參將沈有容等震以必殺之威、開以可生之路，
> 遂蒲伏聽命、泥首轅門，餘黨數千悉行解散，……。[24]

上文中指出，袁進等人派遣親屬輸誠乞撫時，王士昌授策於負
責接洽事宜的紀、沈二人，要他們清楚地傳遞他的態度，即其
心若懷不軌，閩府必有殺伐之懲治，若係真誠效順，閩府定開
其重生之路，讓袁進本人明白知曉此！另外，《明實錄》亦嘗語
道：

24　葉向高，《蒼霞草全集・蒼霞餘草》（揚州市：江蘇廣陵古籍刻印社，1994年），
卷之1，〈中丞王公靖寇碑〉，頁6。

> 福建漳州奸民李新——僭號弘武老及海寇袁八老[即袁
> 進]等率其黨千餘人流劫焚燬，勢甚猖獗；巡撫王士昌檄
> 副將紀元憲、沈有容等率官兵討平之。[25]

明白地指出，海盜袁進等人倡亂，王士昌徵調紀、沈二將率軍
加以平定，王是此事之主導者應無問題。吾人若綜合前述的內
容，可以清楚地看出，此次主導招撫袁進的決策者，是巡撫王
士昌而非將領沈有容，沈只是在執行整個招撫政策中扮演著一
個重要的角色，而且，與他一起執行此任務的，尚有紀元憲，
此亦是吾人不可忽略的！然因紀個人此事之史料難覓，加上，
沈本人又因《閩海贈言》及其回憶錄〈仗劍錄〉流傳之關係，
相較之下，容易讓後人誤以為，招撫袁進純係沈有容一人努力
功勞之結果，而忽略了王士昌、紀元憲等人對此事之貢獻。

　　至於，海盜袁進赴閩地求撫的過程並不順利，可稱是一波
三折。其原因主要出在，袁進向閩府請撫求降的過程中，他瞭
解沈有容之為人，即「素知公[指沈有容]義不殺降，因輸款（求
撫）」，[26]但是，卻又對閩府背後真正之態度和意圖究竟為何，
亦不免地有些地狐疑，而讓其心中忐忑不安，導致其求撫過程
不順利。有關此，沈有容在〈仗劍錄〉中，曾如此描述道：

25　臺灣銀行經濟研究室編，《明實錄閩海關係史料》，萬曆四十七年五月戊戌條，
　　頁124。上文中的李新是否為海盜李忠，筆者難以斷定，因目前僅知，李忠係漳
　　州龍溪人，而綽號「弘武老」的李新，亦是漳州人而已。

26　何喬遠，〈署水標參將勳德碑〉，收入沈有容輯，《閩海贈言》，卷之1，頁18。

（容[即沈有容]）乃以己未[即萬曆四十七]年五月初五
日，同紀副總兵[即紀元憲]往中左（守禦千戶所等）候
（袁八老[即袁進]）。（因，）久無（音）耗，（遂）又往
銅山，先遣二船逆之于大洋。（袁）八老散遣其黨三千餘
人，身率二十餘船，入杏澳以待。（後，）又為他路布散
謠言，搖動袁眾心，東粵又有會剿令，袁眾疑而走者七
舟。[27]

由上可知，在萬曆四十七年（1619）五月五日，沈有容曾和南
路副總兵紀元憲先往廈門中左千戶所等候乞撫的袁進，因為，
一直等不到袁的消息，之後，又南下漳州詔安的銅山島，並先
派出了二艘船艦，來到洋上去覓迎。袁進先將手下徒眾三千餘
人加以遣散之後，自己親率二十幾艘船隻來到了杏澳，準備要
來接受閩府的招撫，結果，卻因聽到福建他處的官兵所散播的
謠言，導致原本即存有疑慮的袁愈加地不安，先前求撫的念頭
因之動搖起來，加上，他又知道鄰省廣東東部（應指潮州）水
師有會剿之令，為此，與他前來降撫的徒眾，便有七艘船因為

---

[27] 沈有容，〈仗劍錄〉，收錄於姚永森〈明季保臺英雄沈有容和《洪林沈氏宗譜》〉，
《安徽史學》1987年第1期，頁31。上文中的「又為他路布散謠言，……」的
「他路」，筆者目前疑以為，係指此次參與招撫袁進事宜的南路（指揮官是副總
兵紀元憲）以外之中、北二路，或中、北二路其中之一的官軍。因為，世宗嘉
靖二十八年時，福建總兵底下增置參將一員，三十五年，參將改分增為水、陸
二路，三十八年再改水、陸二路為北、中、南三路；之後，三路的指揮官，其
職缺有副總兵（即副將）、參將、守備或遊擊，各時期情況不一，特此說明。

疑懼不安而逃走。

　　因為，沈有容看到情況發生了重大變化，為了讓袁降撫事能順利地完成，遂迫不得已，無視自身的安危，冒險駕乘小舟，往赴袁進泊船處，親自去接洽降撫事宜，並透過此一舉措，來安定袁眾之心！沈本人在〈仗劍錄〉中，亦有如下的說明：

> （容[即沈有容]）不得已，躬駕小舟，抵其船受降，袁
> （進徒）眾始定，（先前）走者復回三船，僅存船十四只，
> 健卒二百餘人，兵器五千餘件。以六月二十四日解（閩
> 府），（袁）八老[即袁進]請死轅門，撫公[即閩撫王士昌]
> 喜其歸而釋之，不加誅而仍用為（把）總，此非常不測
> 之恩，八老所宜生死報者也。[28]

由上文知，因沈有容親赴袁進處受撫，此舉或許讓袁及其徒眾，感受到他對此事的真誠心意，他們先前謀動狐疑之心，才逐漸地安定了下來，至於，之前袁眾逃去的七艘船，亦有三艘因而回頭。萬曆四十七年（1619）六月二十四日，袁進將手中的存船十四艘、丁壯二百餘人和兵器五千多件解交給閩府，他本人並向閩撫王士昌請罪，但是，王並未誅懲袁，而且，還讓他出任把總一職，成為官軍的將領，沈個人認為，「此非常不測之恩，八老所宜生死報者也」！不僅如此，他還說道，「容[即沈

28　沈有容，〈仗劍錄〉，收錄於姚永森〈明季保臺英雄沈有容和《洪林沈氏宗譜》〉，
　　《安徽史學》1987 年第 1 期，頁 31。

有容]此行，危險倍于他時！亦賴撫公[即閩撫王士昌]威靈，何敢言功？」[29]亦即此次親赴袁進處受撫，可稱是件危險至極的差事！但是，此事能順利地完成，他卻又謙稱，自己不敢居功，係閩撫王士昌之威靈，有以致之。

最後，需附帶說明的是，沈有容此次親赴袁進處受撫時，南路副總兵紀元憲似與其同行前往，一起完成此次的降撫事宜。因為，明人何喬遠在〈署水標參將勳德碑〉中，便曾語及道：

> （巨）魁[指袁進] 素知公[指沈有容]義不殺降，因輸款（求撫）。（巨魁）適群至自粵，阻石尤，泊杏澳，公與紀公[指紀元憲]開誠單舟往之，遂降舟師。[30]

明白地指出，沈、紀二人「開誠單舟往之，遂降舟師」，亦即赴袁處受降的將領，除沈有容外，還有紀元憲！若確實如上所言，紀的官階不僅比沈來得高，而且，又是福建南路水、陸官軍的最高指揮官，他敢躬身涉險往赴袁處，其膽識不僅令人佩服，其功勞更不應當被抹煞掉！同時，吾人若去回顧整個袁進受撫事件，亦可發現到，閩府在處理袁進受撫事件中，紀在其中亦扮演相當重要的角色，只是因其相關史料難以覓尋，無法知曉其來龍去脈，而讓他的努力成果遭到後人的忽視，這一點對紀

29　同前註。

30　何喬遠，〈署水標參將勳德碑〉，收入沈有容輯，《閩海贈言》，卷之1，頁18。

而言，似乎有些地不公平！

（三）袁進受撫相關後續問題之說明

前節曾述及，袁進除本人親向福建當局求撫，並繳交為數頗為可觀的船艦、丁壯和兵器，除此之外，明人曹學佺在《石倉全集·湘西紀行》書中，還曾述及袁進和他的手下降撫經過，以及閩府對該事後續處理之有關情形，其內容如下：

> （萬曆）四十七年秋，海寇袁進、李忠赴（閩省）轅門投降。……王中丞[即閩撫王士昌]宣諭散黨歸農，方待以不死，袁寇[即袁進]即解散餘黨四十餘船、被擄六百餘人，帶領頭目陳經等一十七名願同報效立功，巡撫[即閩撫王士昌]廼為具題請旨，袁進、李忠皆以（名）色（把）總軍前聽用，後隨參將沈有容往山東登萊，援遼。[31]

由上文知，袁進向閩府請撫時，閩撫王士昌要求他必須遣散其徒眾，並使他們改正歸農、重新做人，如此，才會饒恕其罪行，而袁進本人亦十分地配合，隨即便解散手下四十幾艘船的徒眾，釋放先前被他所擄獲的六百餘位人質，同時，並率領陳經等十七位的頭目，向閩府表達欲從軍報效立功之心願，王士昌便將其請求上奏給中央，袁本人並獲任名色把總一職於軍前聽用，後並隨沈有容北上山東登萊，之後，再赴遼東任職。然而，

31　曹學佺，《石倉全集·湘西紀行》，下卷，〈海防·倭患始末〉，頁45-46。

吾人需知道的是，並非袁進底下所有的徒眾，全部都願意跟著他去向閩府投降，那些不願降撫或逃走的部分餘黨，依然在福建、廣東二省沿海一帶活動著。後來，在福建的袁進餘黨，被將領張嘉策所殲滅，其中，還有一百多人遭到了生擒。[32]至於，廣東的部分，筆者目前僅知，他們在袁降撫的隔年即萬曆四十八年（1620），依然在沿岸地區出沒，劫掠商民百姓，史載，「粵海連寇許彬老、鍾大番、余三老等係袁進餘黨，出沒海島，嘯聚剽掠，跳梁於白沙、虎門、廣海、蓮頭之間，商民受其荼毒；業經督臣申飭兵將偵捕於海之東、西」，[33]即是指此。

四、結　論

　　海盜袁進流劫閩、粵沿海，成為上述二省官軍共同追緝的目標，此亦讓其蠟燭兩頭燒，逼得他走頭無路，被迫去找明政府接洽降撫之事宜。因為，廣東當局勦討的手段較為嚴厲又堅定，袁進便選擇福建地方政府，做為請撫的對象。對於，袁進求撫一事，本文有三個重要的結論。首先是，閩府亦由原先勦討的態度，改變為接納其求撫的主張，筆者認為，此一轉變背後之原因並不單純，應不僅只有沈有容所稱的「兵船寡少，難

---

[32] 有關此，請參見葉向高，《蒼霞草全集・蒼霞餘草》，卷之 1，〈中丞王公靖寇碑〉，頁 6。

[33] 臺灣銀行經濟研究室編，《明實錄閩海關係史料》，萬曆四十八年四月辛未條，頁 124。

以追捕」而已。其次是，本次主導招撫袁進的決策者，是巡撫王士昌而非將領沈有容，沈只是在執行整個招撫政策中，扮演一個重要的角色而已。最後是，此次冒險往赴袁處接洽降撫事宜，除了沈有容外，尚有紀元憲，此亦是吾人不可忽略的，然因紀個人此事相關史料難覓，加上，沈有容又因《閩海贈言》及其回憶錄〈仗劍錄〉流傳之關係，相較之下，容易讓後人誤以為，招撫袁進純係沈一人努力功勞之結果，而忽略了王士昌、紀元憲二人對此事之貢獻。

（原始文章刊載於《硓𥑮石：澎湖縣政府文化局季刊》第 82 期，澎湖縣政府文化局，2016 年 3 月，頁 2-14。）

明末澎湖遊擊兵力裁減源由之研究

一、前　　言

　　彭湖[按：即今日澎湖]者，我東南海之盡境也。……既而，南撫臺[指閩撫南居益]時，紅夷[即荷蘭人]外訌，築銃城於彭（湖）之風櫃，而耕、漁之業荒矣，內地且岌岌焉。南撫臺與俞總戎[即南路副總兵俞咨皋]費盡心力，誘而處之臺灣，尋疏請設一遊戎[即澎湖遊擊]，而增漳、泉兵至（一）千二、三百人，更番戍守。今未十年，而兵僅存其半矣，毋亦為餉少乎？

　　　　　　　　　　　　—明・蔡獻臣〈論彭湖戍兵不可撤〉

　　上面的這段文字，[1]係明思宗崇禎六年（1633）時金門人蔡獻臣（籍貫泉州同安）對澎湖兵防問題的見解主張。[2]蔡目睹荷蘭人、海盜侵擾地方，為自己鄉里百姓請命，認為荷人佔據臺灣、威脅內地，「夫浯洲[即金門]之去彭湖也七更船，其去臺灣也十更船，今深計者尚以處夷[指荷人]於臺灣為隱憂，奈何欲棄彭（湖）而揖之入也」，[3]堅決反對明政府自澎湖撤軍，上文〈論彭湖戍兵不可撤〉便是為此而寫的。其次，蔡在文中語及，熹宗天啟（1621-1627）時荷人曾佔領澎湖兩年，並築城風櫃尾據地自守。因為，澎湖位處漳、泉海外航道上，荷人據此得截控中流，威脅沿海地區，「耕、漁之業荒矣，內地且岌岌焉」。之後，經福建巡撫南居益和南路副總兵俞咨皋等人的努力，將荷人誘逐前去臺灣，南居益並疏請議設澎湖遊擊和增添漳、泉兵丁一千二、三百人，[4]來防守失而復得的澎湖。蔡上述的說法

1　蔡獻臣，《清白堂稿》（金城鎮：金門縣政府，1999 年），〈論彭湖戍兵不可撤（癸酉）〉，頁 133–134。附帶說明的是，上文中出現"[按：即今日澎湖]"者，係筆者所加的按語，本文以下內容若再出現按語，則省略為"[指閩撫南居益]"。其次，為使文章前後語意更清楚，以方便讀者閱讀，筆者會在文中引用句內「」加入文字，並用符號（）加以括圍，例如上文的「築銃城於彭（湖）之風櫃」。

2　蔡獻臣，字體國，泉州同安人，萬曆十七年進士，授南京刑部主事，曾任浙江巡海道、提學副使……等職，後為宦官魏忠賢所劾，削籍歸里，卒後追贈刑部右侍郎，著有《清白堂稿》等書。

3　蔡獻臣，《清白堂稿》，〈論彭湖戍兵不可撤（癸酉）〉，頁 135。

4　南居益，字思受，號二泰（一作「二太」），陝西渭南人，萬曆二十九年進士，原職為南京太僕寺卿，以右副都御史巡撫福建，天啟三至五年任，著有《青箱堂集》。

確有其事，天啟五年（1625）明政府新設了澎湖遊擊，史載「照得彭湖遊擊一營，水陸官兵非二千餘名不可。查彭湖、（彭湖）衝鋒兩遊（兵），額設舊兵共九百三十五名。今增新兵一千一百六十九名，共二千一百零四名」，[5]文中的「今增新兵一千一百六十九名」，即指增漳、泉兵一千二、三百人一事。其次是，蔡在上文所言的「今未十年，而兵僅存其半，毋亦為餉少乎？」係指自天啟五年（1625）增兵澎湖至崇禎六年（1633），不到十年的時間，澎湖遊擊經歷一場裁軍的行動，導致於兵額僅存原來的半數而已，亦即由原先的二,一〇四人裁減剩至一,一〇〇人左右，莫非是餉糧不足所導致的結果？其實，蔡推測財政困難、餉糧難繼是此次裁軍的原因並無錯誤，但是，根據筆者的研究，此僅是其中之一的原因而已。因為，新設不到十年的澎湖遊擊會被明政府裁去半數兵額，此一事件背後確有其原因，而且，這些原因都是明政府難以克服或無力解決的問題，本文便是要來探討此次明政府裁軍背後複雜的原因。

至於，明政府裁減澎湖遊擊兵額的經過，至少可分為兩個階段，第一階段是澎湖防軍由長年屯守改回春、冬二汛，推動的時間最晚不超過崇禎二年（1629）。明政府在對澎軍進行更

5　臺灣銀行經濟研究室，《明季荷蘭人侵據彭湖殘檔》（南投市：臺灣省文獻委員會，1997 年），〈兵部題行「條陳彭湖善後事宜」殘稿（二）〉，頁 21。類似上述的記載，如「今應專設遊擊一員，駐劄彭湖，以為經久固圉之圖，即以二遊兵兩把總隸之。其兵除兩遊舊兵外，再添遊擊標兵一千一百六十九名，全成一大營，仍聽南路副總兵節制，以成臂指之勢」。見同前書，頁 20。

「守」為「汛」的改革時，且曾為配合此而先對澎湖遊擊的兵力編制進行內部調整，似將其轄下陸兵的左、右翼二把總撤廢掉，改設回原先的水師澎湖、澎（湖）衝（鋒）二把總，亦即捨棄天啟五年（1625）改制後的「陸主水輔，固守島土」的防禦思維，改回先前的遊兵時期「水師兵船，防海禦敵」的佈防方式。第二階段是澎湖遊擊裁軍的內容及其數額，此次約裁去半數兵力，僅剩下半數即一，一〇〇人左右，裁軍時間最晚不超過崇禎六年（1633）。至於，被裁撤的對象，主要是澎湖遊擊轄下的澎湖把總及其部隊，實施時間最晚亦不超過崇禎六年（1633）七月。上述變遷的詳細經過，因受限於文章的篇幅，且容筆者另行撰文說明之。

二、澎湖駐軍問題叢生

　　天啟二年（1622）荷人佔領澎湖，築城風櫃尾，「進足以攻，退足以守，儼然如一敵國」。[6]因為，澎湖地在漳、泉海外，位處重要航道之上，荷人據此得以截控中流，「既斷糴船、市舶於諸洋」，[7]造成內地的米價高漲，「今格於紅夷，內不敢出，外不

6　臺灣銀行經濟研究室，《明季荷蘭人侵據彭湖殘檔》，〈南京湖廣道御史游鳳翔奏（天啟三年八月二十九日）〉，頁3。

7　臺灣銀行經濟研究室編，《明實錄閩海關係史料》（南投市：臺灣省文獻委員會，1997年），〈熹宗實錄〉，天啟三年九月壬辰條，頁134。

敢歸」，[8]海上交通往來為之斷絕，……等嚴重的問題。因為，荷人盤據二年所帶來的傷害，讓明政府深刻體會到澎湖對沿岸安危和交通往來的重要性，故在其逐走荷人後，亦即天啟五年（1625）時，遂改變先前遊兵僅春、冬汛防澎湖的型態，以前所未有的巨大魄力，排除了各種的困難，在孤遠、貧瘠的澎湖島上，佈署了二,二〇〇名兵力，並常年駐防於此，由新設的澎湖遊擊將軍統轄之，同時藉由細密的構思和安排，規劃出「遊擊駐箚」、「水陸兼備」、「築城置營」、「長年戍防」和「軍民屯耕」等完備的防務措致，希望使澎湖成為固若金湯的海上堡壘。[9]同時，亦因先前荷人侵擾沿岸的行動，多在漳、泉交界的九龍江河口一帶，而廈門首當其衝，荷人曾在此燒毀通海船隻，破壞洋商房屋，並搶奪貨物及生絲……等，為此，明政府在天啟五年（1625）處理澎湖善後措舉時，亦曾針對荷人日後再犯的可能做一因應，首先便是增強廈門中左所的防務，特別將南路參將移來駐此，並升格為副總兵，用以節制剛成立的澎湖遊擊，以及由泉州城移駐永寧的泉南遊擊，並讓澎、泉二遊擊互為犄角，共同扼控臺灣海峽，用以夾擊入犯於此的敵人。

雖然，明政府在澎湖和對岸的廈門重新佈署了重兵，但先前困擾澎湖兵防最大的問題，亦即「大海遠隔，監督不易」的

8　同前註，天啟三年八月丁亥條，頁 132。

9　有關天啟五年明政府重新佈署澎湖防務的詳細經過，請參見何孟興，〈鎮海壯舉：論明天啟年間荷人被逐後的澎湖兵防佈署〉，《東海大學文學院學報》第 52 卷（2011 年 7 月），頁 105-107。

問題，明政府依然還是未能有效地加以解決！因為，澎湖孤懸大海之中，與內地往來不便，聲息難以相通，而且，依當時明帝國統治能力來看，其官僚體系在運作的過程上，是否擁有足夠的條件和能力，去聯絡、指揮和監督大海彼端的澎湖官軍，致令其循規蹈矩、奉公守法，並有效地遂行政府所交付的任務和使命，實在不無疑問。

（一）沈鈇議請督察澎軍

　　針對上述澎湖官兵因大海遠隔、難以監督的問題，時人沈鈇即已洞燭先機，而以詔安縣鄉官的身分，撰文〈上南撫臺暨巡海公祖請建彭湖城堡置將屯兵永為重鎮書〉，上書給福建巡撫南居益、巡海道孫國禎二人，建議其如何來重建澎湖的防務和監督澎湖的軍隊。沈鈇，漳州詔安人，神宗萬曆（1573-1620）初年曾任廣東順德縣令一職，其相關生平如下：

> 沈鈇，號介庵，清骾不投時好，年二十五成進士，令[即知縣]（廣東）順德多惠聲，……兩舉卓異，嘗慕海剛峰[即海瑞]為人，服食淡泊，終身未嘗服一縑、嚼佳味、居一高廈，陋室、藍縷恬如也。……居家倡置學田以贍儒生，創橋、路以便行旅，建文昌、文公[即韓愈]諸祠，以興文學，置亭觀以開福田，接引承學，教誨子弟，所

> 著有大學古本、浮湘、鍾離、蘭省、石皷諸集，彭湖、
> 紅夷諸議，年八十有四。[10]

沈鈇上書閩撫南居益的時間，應在明政府設立澎湖遊擊之前，他除了建議在澎湖築城置營、造船製器和設將屯兵，[11]將其改造成海上的兵防重鎮，同時，並針對如何有效監督澎湖駐軍，提出了具體的建言，使其能發揮守邊禦敵的功能。例如兵士糧餉發放的部分，沈的主張如下：

> 夫有官守必有兵戍，戍守哨探之兵非二千餘名不可，……
> 其糧餉或出自漳、泉二府，或支自布政司庫，原有定
> 議。……（彭湖）遊擊標下親兵與把總、哨官人役，各
> 自另設，不許占用水、陸戍兵一人，不許虛冒戍兵月糧
> 一分。其月糧按季關支，該道[指分巡興泉道和分守漳南

---

[10] 秦炯撰修，《詔安縣志》（臺北市：清康熙三十三年重刊本，國家圖書館善本書室微卷片），卷 11，〈人物‧沈鈇〉，頁 10。文中的「兩舉卓異」，係指沈鈇兩度在官員定期考核中政績才能表現優異。

[11] 荷人被逐走後，沈鈇個人主張以積極態度來經營澎湖，其重點大致如下：一、增設遊擊位階的將領，用以鎮守澎湖，來提升防務的指揮層級。二、建造大船、製作火器和招募二千餘名精兵，來增強澎湖的防衛能力。三、招攬內地移民，前來進行屯墾。四、議設公署、營房和民舍，以妥善安頓澎湖的戍兵寓民。五、上述建議行有成效後，可開東、西洋貿易，便以裕民富國，請參見沈鈇，〈上南撫臺暨巡海公祖請建彭湖城堡置將屯兵永為重鎮書〉，收入臺灣銀行經濟研究室，《清一統志臺灣府》（南投市：臺灣文獻委員會，1993 年），頁 49-52。至於，沈上述部分的建言，和天啟五年福建當局疏請的善後事宜內容有些相近，有關此，請參見同註 9，頁 98-102。

道]委海防館[指泉、漳二府海防同知]照名數鏨鏨包封，
逐名唱給，不許將官、(把)總、哨(官)代領，以防剋
減，尤不許(海)防館吏書需索常例，以奪兵食。[12]

亦即澎湖官軍的糧餉，明政府除依期按季支給外，泉、漳二府
海防同知發餉時需依官兵名冊逐次唱給，不許將弁代領，避免
其剋減兵丁薪餉，尤其是，絕不不允許海防館胥吏，藉索常例
而扣削兵弁的糧餉。另外，又如為確保戍軍完整的戰鬥力，遊
擊、把總和哨官的隨從跟班需各自另設，不可隨意地挪移兵丁
予以私用，濫佔兵丁名額。而且，還建議福建當局應該不定時
地派遣官員往赴澎湖查察戍軍的動態，即「每歲或委廉幹佐貳
(之官)不時查點，如兵士有虛捏，月糧有剋減，參處查究，
追出銀兩以充兵餉，庶知勸懲，永奠沃壤」。[13]另外，主事者
的遊擊將軍，攸關澎湖防務的成敗，除當嚴格監督查察之外，
亦因其遠戍海外、責任重大，且工作又艱苦，假若遊擊本人清
廉自持、忠於職守，建議朝廷應給予優厚的獎勵，亦即「三載
加銜，六載成勣，特陞大將」，[14]以慰其鎮邊遠戍之辛勞。

但是，沈鈇上述監督澎湖戍軍表現的諸多建議，卻未見類
似的規定載錄於福建當局澎湖善後的措舉內容之中，加上，相

12　沈鈇，〈上南撫臺暨巡海公祖請建彭湖城堡置將屯兵永為重鎮書〉，收入臺灣銀
　　行經濟研究室，《清一統志臺灣府》，頁50。

13　同前註。

14　同前註。

關的史料又因年久散佚難覓，目前實不易窺知明政府有否採取某種的機制或措施來監督澎湖的戍軍？但確定的是，沈鈇先前所憂心的問題，不久之後便發生，而且，問題的情況頗為嚴重，十足地應驗了澎湖孤處海外，戍軍不易監督的高困難度。

（二）澎湖將弁不法劣行

天啟五年（1625）明政府在逐走荷人、痛定思痛後，決心重新擘建澎湖的兵防工作，在此佈署高達二,一〇四人兵力，除了設置遊擊將軍一人來總攬防務外，同時亦在遊擊直屬轄下的中軍，設立了標下把總，[15]以及左、右二翼把總來分別掌管澎湖的水、陸兵丁。[16]除了遊擊將軍駐箚、把總水陸聯防之外，同時採取了築城置營、長年戍防和軍民屯耕等一連串的措致，期其能成固若金湯的前線堡壘，來扞衛此一失而復得的海外要島，有效地抵擋外來的侵略，藉以保護內地百姓的安全。

---

[15] 天啟五年時，福建當局原先議請澎湖遊擊轄下設立中標守備來掌管水師，然中央朝廷僅同意「量加小把總職銜，管理中標事務」，不肯增置較高層階的守備。至於，新設的澎湖遊擊中軍的標下把總，則下轄有水師哨官 6 名、水兵 857 人，領有兵船 49 隻，分屯媽宮（即今日澎湖馬公市）等處。請參見臺灣銀行經濟研究室，《明季荷蘭人侵據彭湖殘檔》，〈兵部題行「條陳彭湖善後事宜」殘稿(二)〉，頁 21 和 29。

[16] 天啟五年時，新設的澎湖遊擊轄下設立左、右二翼把總，來掌管澎湖島上的陸兵。其中，左翼把總一人，轄陸兵六二四人，屯守媽宮後和暗澳，分顧太武、案山、龍門港諸處；又設右翼把總一人，轄陸兵六二三人，屯守風櫃仔，兼顧蒔上澳、西嶼頭，看守鎮海營等處。請參見臺灣銀行經濟研究室，《明季荷蘭人侵據彭湖殘檔》，〈兵部題行「條陳彭湖善後事宜」殘稿（二）〉，頁 21。

　　當明政府在擇選新設的澎湖守將時，首先便考慮到復澎有功的名色守備王夢熊和名色把總葉大經兩位將領，認為他們「拚命先登（彭湖），始終與夷[指荷人]對壘而居」，[17]尤其是，王於逐荷復澎役中，「百凡調度，多出夢熊心計，此莫大之功也」，[18]而且「自大將班師之後，獨留二官[指王夢熊和葉大經]在彼，與兵士臥起風濤之中，略無內顧之私。（二官）身既與海相習，情又與兵相安。若使他人代之，則彭（湖）事復壞，前功可惜」，[19]遂決議以王夢熊出任新設的澎湖遊擊將軍，即「澎湖守備管遊擊事」一職，總領澎湖的防務工作，而葉大經則任遊擊轄下中軍的標下把總，[20]負責掌管水師的業務。新任的澎湖遊擊王

17　臺灣銀行經濟研究室，《明季荷蘭人侵據彭湖殘檔》，〈兵部題行「條陳彭湖善後事宜」殘稿（二）〉，頁24。有關此，史載如下：「閩久受夷[指荷人]患。……惟據彭（湖）島築城，三載以來，進退有恃。兼以彭湖風濤洶湧難戰，官兵憚涉。雖有中左[指廈門]之剿，夷無退忌。南撫臺[指閩撫南居益]力主渡彭（湖）搗巢之舉。移會漳、泉（二府），募兵買船。選委守備王夢熊諸將士，開駕於天啟四年正月初二日。繇吉貝[指澎湖吉貝島]突入鎮海港[位今白沙島南邊]，且擊且築，壘一石城為營。屢出奮攻，各有斬獲。夷退守風櫃一城。……適南軍門[指閩撫南居益]又授方略，齎火藥、火器接應，即日運火銃登陸，令守備王夢熊等直趨中墩札營，分布要害，絕其汲道，禦其登岸，擊其銃城、夷舟」。見同前書，〈福建巡撫南居益奏捷疏節錄〉，註釋，頁9-10。

18　臺灣銀行經濟研究室，《明季荷蘭人侵據彭湖殘檔》，〈兵部題行「條陳彭湖善後事宜」殘稿（二）〉，頁24。

19　臺灣銀行經濟研究室，《明季荷蘭人侵據彭湖殘檔》，〈兵部題行「條陳彭湖善後事宜」殘稿（二）〉，頁24。

20　前面註文中已提及，福建當局原先議請澎湖遊擊轄下，設立中標守備來掌管澎湖的水師，然中央朝廷僅同意「量加小把總職銜，管理中標事務」，不肯增置較高層階的守備，故葉大經僅以中標把總（即標下把總）出任此職。

夢熊，泉州晉江人，清人懷蔭布《泉州府誌》曾載稱，王「生有異質，虎頭豹頤，勇敢多奇策，力能提石八百斤，射輒命中」，[21]並在其先前任職的閩省水師，留下不少的傳奇事蹟。[22]亦因王為將勇猛善戰且有謀略，明政府對他和葉大經二人寄予厚望，認為他們能「與兵士臥起風濤之中，略無內顧之私。身既與海相習，情又與兵相安」，應該可以勝任此一工作，能讓改制後的澎湖防務耳目一新，並發揮原先所預期的功能。然而，卻事與願違，王、葉二人不僅無法盡忠職守，連恪遵本分都做不到。尤其是王夢熊，不法劣行罄竹難書，後遭福建當局舉發，被朝廷革職查辦。

因為，王夢熊於澎湖遊擊任內，仗恃澎湖大海遠隔，內地難以監督，肆無忌憚，恣意妄為，導致官兵怨聲載道，吾人若

---

[21]　懷蔭布，《泉州府誌》（臺南市：登文印刷局，1964 年），卷 56，〈明武蹟〉，頁 33。

[22]　王夢熊出任澎湖遊擊之前的傳奇事蹟，內容如下：「王夢熊，……署（南路參將）中軍守備，督浯嶼（水寨）兵航[指指防海上一事]。勦撫海寇袁進；進素憚其名，率眾歸誠。力薦進有大將材，後果由裨校進大都督；咸服其知人。永春賊王元堦據寨倡亂，（夢熊）挾輕銳乘夜直抵其寨，一鼓擒之，授浯銅遊戎[即浯銅遊兵]守備。紅夷寇鼓浪嶼，（夢）熊率親丁隨王忠等奮勇擒馘，奪其三艘。紅夷敗歸，復率大艅直逼內地。舟高且堅，刀刃不能傷；夷礮在千百丈外，發無不中，中則人船俱碎：諸將憚慄。（夢）熊熟視，笑曰：『吾計得矣』！乃以小艇數十扮漁舟、藏火具，潛逼其旁；乘風縱火，棄艇挾浮具泅歸。援以巨船，焚甲板十餘艘，夷脫於火者咸溺於水；生擒大酋牛文來律。欽除勦夷都司。諸夷傾國而來，築城澎湖為持久計；沿海受其蹂躙。（夢）熊議先選有智勇者率義兵，伺其出沒攻之；前後擒賊若干人。後乃大徵兵，直逼澎湖；賊聞風，稍引去。歷驃騎將軍」。見同前註，頁 34。

歸納其不法劣跡，主要有四。首先是，王貪奪澎湖官兵的餉銀，
於「通彭（湖）兵二千名，每兵月取常例銀八分，每月共得銀
一百六十兩」，[23]並於「每季領到餉銀延捱不散，指公費餂頭等
項扣除，又將爛米低銀捵派，兵不得實惠，致多逃亡，半竄入
賊，被賊燒兵船十隻隱匿不報」。[24]其次是，王侵佔澎湖築城的
經費，「（明政府）委築彭湖暗澳[即穩澳山]城，領官銀五百兩，
半被（王）侵匿，撥兵沿海採石砌築，每兵每日扛石十四五槓，
（王）不給工食，各兵深怨」。[25]更次是，王不盡職責勦除海盜，
反卻公然與其來往酬酢，並致贈酒食。例如「天啟四年三月初
五日，賊四叔老船十一隻泊娘媽宮前。本官[即王夢熊]置席四
十筵延飲徹夜，賊黨顏老席中稱食缺，（王）即送油二簍、米二
十包，並小唱梁興下船與顏（老），通營共知」。[26]另外，王又
和海盜鄭芝龍交遊往來，[27]天啟五年（1625）七月鄭劫奪內地，

---

23 福建巡撫朱一馮，〈為倭警屢聞宜預申飭防禦事〉，收入臺灣史料集成編輯委員
   會編，《明清臺灣檔案彙編》（臺北市：遠流出版社，2004 年），第一輯第一冊，
   頁 275。

24 同前註。

25 同前註。

26 同前註。

27 鄭芝龍，泉州南安人，私梟、海盜出身，是天啟、崇禎年間東南海上的風雲人
   物。鄭的勢力崛起，和荷人有著密切的關係，主要係由與荷人關係良好的旅日
   私商首領李旦居中推薦，期間，鄭亦因扮演李和荷人之間言語溝通的角色，使
   得鄭有資格參與中國私商和荷人之間的交往關係，這種關係的建立，對鄭後來
   的發展影響很大，鄭後來能擁有紅夷大炮就是來自於荷人的支援，之後亦憑此
   一犀利武器，讓他縱橫無敵於東南沿海，建立海上的霸業。更重要的是，鄭還
   在李死後侵吞他所寄存的大筆資產，亦因擁有此一豐厚財源，使得鄭的海盜事

被逐走後，逃向海上，哨官錢得功想要發船擒剿，王卻反而派遣捕盜徐韜運載牛一頭、酒百罐去向鄭問好，鄭則回贈奇楠、大椒……等貨物給王，此事有錢得功可以做證，關於此，史載如下：

> 天啟五年七月初三日，賊鄭芝龍等流劫內地被逐逃時，上澳哨官錢得功欲發船擒剿，本官[即王夢熊]反撥捕盜徐韜載黃牛一頭、建酒百罐問安。賊[指海盜鄭芝龍]答以檀速、奇楠等香，大椒、蘇木、丁香等貨，錢得功證。[28]

其中，最離譜的是，王夢熊竟和鄭芝龍結拜為兄弟，鄭並給王白銀二千兩，請其代為製造兵器和彈藥，[29]此一官兵替強盜製作器、藥的行徑，今日聽來，猶令人感到咋舌。最後是，王和對岸臺灣的荷人進行走私交易，圖利致富。如「紅夷退據東番[即臺灣]，（與）彭地烽火相望，本官[即王夢熊]販牛、羊、釘、鐵、段、疋等貨，撥鄭奇、王振等船托名哨探，潛往發賣」。[30]而且，根據史料的記載，上述所舉僅是王夢熊劣跡的一部分

業更加熾烈地發展起來。請參見蘇同炳，《明史偶筆》（臺北市：臺灣商務印書館，1995 年），〈李旦與鄭芝龍〉，頁 239。

28　同註 23，頁 276。

29　福建巡撫朱一馮，〈為倭警屢聞宜預申飭防禦事〉，收入臺灣史料集成編輯委員會編，《明清臺灣檔案彙編》，第一輯第一冊，頁 276。

30　同前註，頁 275。

而已，其許多犯行有澎湖官兵可以作證。[31]至於，澎湖駐軍第
二號人物，即遊擊標下把總的葉大經，他的情況亦不理想，他
和王夢熊等人常藉其職務地位，向荷人借支貸款，再利用此款
去購買生絲等貨品，之後再轉賣給荷人，以賺取其間的差額利
潤，關於此，後文會做詳述。此外，葉的養兄海仔，亦仗其勢
力從事走私的活動。[32]

　　除了守將王夢熊、葉大經二人貪瀆不法外，澎湖官兵亦不
乏為非做歹者，例如天啟六年（1626）十二月時，擔任澎湖水
師兵船指揮官的捕盜李魁，竟然利用大型船艦將兵丁百餘人，
私下載往投靠海盜鄭芝龍，並在海上從事打劫的勾當，而王夢
熊卻謊報發生了船難，船艦失水漂流，導致兵丁逃亡之情事！[33]
另外，吾人若觀察澎湖官兵不法活動運作的方式，可發覺其型
態多半是上位者不法牟利，下位者當幫凶或為其跑腿，而且，
多與荷人進行走私買賣、牟取私利為主，即以王夢熊本人為例，
史載如下：

　　（王夢熊）用哨官王仕俊、捕盜劉欽等陰載火藥、軍器
　　及酒、果前往大灣[即臺灣，指今日臺南安平]接濟紅夷，

---

[31]　同前註，頁275-277。

[32]　請參見翁佳音，《荷蘭時代臺灣史的連續性問題》（臺北縣：稻鄉出版社，2008
　　　年），頁165。

[33]　請參見同註29。

> 代買湖絲、紬段及刀、槍、壞鐵等貨，陸續裝汛船交還，
> 或夷船自來彭湖載回，循環不絕，致富不貲。[34]

而且，值得注意的是，澎湖官兵在從事非法交易的活動時，是由一群人共同來進行的，有分工合作的關係，上下彼此間形成了共犯的結構。例如王夢熊便曾差遣捕盜鄭秀等人進行走私買賣時，卻因詐領荷人番錢二,二○○文，導致荷人心生不滿，前來澎湖索討湖絲等貨物，[35]其中，澎湖遊擊標下把總葉大經的親弟葉大緯，以及王的書記陳晉碧、幕賓杜寧等人，皆參與鄭的此次交易活動，[36]可見澎湖官兵不法的情事，係屬一「集體」性而非「個別」性的行為。

（三）福建軍紀敗壞景況

其實，澎湖遊擊王夢熊貪汙不法情事，在此時絕非是一個案，類似此的閩省將領似乎不乏其例，尚有興化左營守備翁獻忠、浯銅遊兵把總方獻可、銅山營守備文佐明等人，皆先後遭到閩省撫、按上疏參劾，翁、方二將被革任回衛，王、文則因犯行嚴重而遭革任提問，[37]會造成此一現象，應是軍伍風氣普

---

34 同註29。文中的「汛船」，指明軍執行汛防勤務的兵船。

35 同前註。

36 同前註。

37 請參見福建巡撫朱一馮，〈為倭警屢聞宜預申飭防禦事〉，收入臺灣史料集成編輯委員會編，《明清臺灣檔案彙編》，第一輯第一冊，頁277-280；兵部尚書霍維華（等），〈為循例舉劾彭湖守備遊擊王夢熊等員事〉，收入同前書，頁284-287。

遍不佳所使然，而且，問題絕非朝夕可成，係因福建長期軍紀渙散有以致之，閩撫朱一馮奏請議處上述王夢熊等四人時，[38]便曾語及：

> 如果臣[指閩撫朱一馮]言不謬，將……王夢熊等（四人）分別議處，庶將領有所勸懲，益加奮勵，而武備漸飭、海氛漸消失。[39]

朱一馮希望藉由此次的懲處，讓將領有所惕勵，端正軍伍風氣，重振海防武備，即是此一現象最佳之旁證。因為，自嘉靖（1522-1566）末倭寇之亂被戚繼光等人掃平後，明政府經隆慶（1567-1572）至萬曆（1573-1620）晚期，「四、五十年無倭警」，[40]中間雖有日本侵犯朝鮮、東南海上戒嚴一事，但整體上而言，此數十年間，閩海並無大規模的動亂，亦因昇平日久，軍備漸

---

[38] 朱一馮，江蘇泰興人，萬曆二十六年進士，原職為山東右布政使，以右僉都御史巡撫福建，天啟六至崇禎元年任。先前逐荷復澎之役時，朱一馮便以福建布政司參政任分守福寧道，亦曾代攝分巡興泉道，貢獻頗多。「朱一馮既保福寧之障，復署興泉之篆，身泛洪濤一千餘里，夜以繼日，直拚性命，而收蕩平」。見臺灣銀行經濟研究室，《明季荷蘭人侵據彭湖殘檔》，〈兵部題「彭湖捷功」殘稿（崇禎二年閏四月十三日）〉，頁41。

[39] 福建巡撫朱一馮，〈為倭警屢聞宜預申飭防禦事〉，收入臺灣史料集成編輯委員會編，《明清臺灣檔案彙編》，第一輯第一冊，頁280。文中的「王夢熊等」，係指澎湖遊擊王夢熊、興化左營守備翁獻忠、浯銅遊兵把總方獻可和銅山營守備文佐明等四位將領。

[40] 此為明人董應舉語，係引自董應舉，《崇相集選錄》（南投市：臺灣省文獻委員會，1994年），〈答曾明克〉，頁15。

趨鬆弛懈怠，官兵紀律逐次渙散，營伍內部弊端隨之叢生，例如將弁假借名目，扣剋兵丁糧餉；水兵不諳水性，虛冒寄名以食糧；兵船製造偷工減料，「實為船用者不過半價」……等，[41] 其他尚有官兵畏怯出海偷安內港，春、冬汛期常後汛而往、先汛而歸，甚至以風潮不順為託辭而避泊別澳……等不一而足。[42] 這些長年累積下來的弊端，之後，又經泰昌（1620）再到天啟（1621-1627）年間，似乎皆未能有效地改善，導致情況愈到後期愈為嚴重。

吾人就前文述及的方獻可、文佐明兩位將領為例，駐防廈門的浯銅遊兵把總方獻可，他不僅「馭兵無體，專以送禮厚薄為禮貌。哨（官）、捕（盜）、頭目少有餽遺，即加偃傈，上下體統蕩然」，[43] 而且，又「不習波濤，登舟即時吐浪，是以一切船務不能查理，（武）器、（彈）藥等項悉憑捕盜等任意出入，懵然莫知」，[44] 加上，方本人個性柔懦，「但聞警報一味畏縮，安坐衙內，止令哨官率眾支吾，以致軍聲不揚，人無鬥志」。[45] 至於，陸兵的銅山營守備文佐明，該將「縮內不前，欺蔽成習」，[46] 天啟七年（1627）二月海盜進犯銅山，焚毀水寨兵船，「而該

---

[41] 請參見董應舉，《崇相集選錄》，〈福海事〉，頁 39-41。

[42] 請參見黃承玄，〈條議海防事宜疏〉，收入臺灣銀行經濟研究室編，《明經世文編選錄》（臺北市：臺灣銀行經濟研究室，1971 年），頁 219。

[43] 同註 39，頁 279。

[44] 同前註。

[45] 同前註。

[46] 同前註。

營[指銅山營]（近在）咫尺，賊登岸之後係陸兵責任，（文佐明）乃任其焚衙門、搬器械、坐演武場演戲為樂，（賊）屢殺營兵而無一兵迎敵者」。[47]吾人看到上述王、方、文諸將的表現，就可窺知明末閩省營伍弊端叢生、官兵貪婪怯懦問題的嚴重性，澎湖將弁不法情事絕非僅是一單獨個案，類似此情況者當不知有凡幾，亦難怪時任閩撫的朱一馮，要感嘆道：「閩將向以養癰為痼疾，耳不聞剿賊一字。水兵穩泊內澳不敢窺外洋一步，而陸兵遇賊只以吶喊放銃了事；從來未拿一賊」。[48]

三、澎湖遊擊裁軍源由

天啟七年（1627）時，澎湖遊擊王夢熊劣行遭人舉發後，令明政府震驚不已，閩撫朱一馮曾痛斥王的作為，指道：「此一官[指王夢熊]者媚骨偏施於小醜，崔苻成莫逆之歡；吸髓已遍於疲兵，壁壘抱傷心之怨。冒餉則烏有子虛，既逃諸水濱之莫問，射利則蠻銖漢物兼收，於市舶之交馳，寇兵盜糧之藉齎，實為作俑東海南山之罄決，尤堪裂眥，所當革任仍行提問者也」。[49]另外，時任福建巡按御史的周昌晉，亦認為王的行徑惡劣，詳如下：

---

[47] 福建巡撫朱一馮，〈為倭警屢聞宜預申飭防禦事〉，收入臺灣史料集成編輯委員會編，《明清臺灣檔案彙編》，第一輯第一冊，頁279。

[48] 同前註，頁280。

[49] 同前註，頁277。

　　（王夢熊）渡彭（湖）禦夷[指天啟四年復澎之役]，以
　其先往，遂用之守彭（湖），實無他長也。數年以來，海
　外不能查覈，每剝膏血以肥囊，師中未效馳驅，且縱蛇
　豕以薦食。……此一官[指王夢熊]者，地因遠肆，政以
　賄成，黔技無聞，防禦之略安在。狼貪不飽，吮吸之術
　偏工。以彭島為金穴，剝盡軍脂，卒伍將至解體。藉巨
　寇為外援，齎來夷貨[指和荷人進行交易]，胡越竟為一
　家。其贓私狼藉，雖有戍彭（湖）之微勞，不足償通寇
　之大罪，所當革職提問者也。[50]

周痛斥王把澎湖當私有金礦，以剝削官兵為能事，倚海盜為外
援，與荷人走私交易，行為卑劣不可原諒，並和閩撫朱一馮主
張相同，應將其革職提問。天啟七年（1627）七月，朝廷下令
將不法的王革職，並交由福建巡按提問審理，[51]另外，由荷人
史料得悉，王最晚已在一六二六年（天啟六年）十一月之前就
被調離了澎湖。[52]至於，王所遺下的澎湖遊擊員缺，於同年

---

[50]　兵部尚書霍維華（等），〈為循例舉劾彭湖守備遊擊王夢熊等員事〉，收入臺灣史
　　料集成編輯委員會編，《明清臺灣檔案彙編》，第一輯第一冊，頁284。文中的「巨
　　寇」，指即天啟初年崛起的海盜鄭芝龍，請參見同前註，頁275-277。

[51]　兵部尚書霍維華（等），〈為循例舉劾彭湖守備遊擊王夢熊等員事〉，收入臺灣史
　　料集成編輯委員會編，《明清臺灣檔案彙編》，第一輯第一冊，頁286。

[52]　請參見江樹生主譯/註，《荷蘭聯合東印度公司臺灣長官致巴達維亞總督書信集I
　　（1622-1626）》（南投市/臺南市：國史館臺灣文獻館/國立臺灣歷史博物館，2010
　　年），頁305。

（1627）八月初由劉承胤陞補之。[53]至於，王的最後的下場，目前僅知，崇禎六年（1633）五月時，朝廷下令福建巡按劉調羹追回王於修築穩澳城所侵吞的贓款，並將其「著監候處決」。[54]

　　王夢熊因諸多犯行被革處重刑一事，不僅讓新設的澎湖遊擊體制遭受不小的挫折，而且，明政府日後對澎湖進行裁軍的決策，相信多少亦受到此案的影響，但是根據筆者的研究，真正直接促使明政府對新設不到十年的澎湖遊擊，進行半數兵員裁撤行動的因素，[55]可以推知主要有三，亦即「大海遠隔，監督不易」的地理因素、「北邊緊張，遼餉孔急」的財政因素，以及「駐軍收賄，功能不彰」的人為因素，有關的內容詳述如下：

（一）「大海遠隔，監督不易」。

　　明政府在逐走荷蘭人後，在澎湖進行前所未有的佈防工作，然因明政府仍無法找出一個適切、合理，且能行之久遠的制度或方法，來對遠在海外的澎湖駐軍，進行有效能的指揮和監督。亦因此，致使不到一兩年的時間，指揮官王夢熊貪劣不

53　天啟七年八月初一日，朝廷任命「都司僉書管湖廣洞庭守備事」的劉承胤，陞任「福建彭湖遊擊將軍」一職，見同註7，天啟七年八月甲午朔條，頁143。

54　請參見兵部尚書張鳳翼等題行稿，〈註銷澎湖守備王夢熊貪銀等未結案件〉，收入陳雲林總主編，《明清宮藏臺灣檔案匯編（第三冊）》（北京市：九州出版社，2009年），頁254。

55　澎湖遊擊被明政府裁去半數約一,一○○人左右兵力，時間最晚不超過崇禎六年。澎湖遊擊裁軍詳細的經過，因篇幅的限制，容筆者另行撰文說明之。

堪的惡行，以及駐軍違法亂紀的弊端逐一地浮現出來，讓先前
諸多的努力旦夕間化為流水！雖然，朝廷氣急敗壞地要追回王
在築城時侵吞的贓款，並將王給處決以儆傚尤，但是，先前的
問題仍舊猶在、依然無解。

　　其實，吾人若去回顧明代海防的歷史，可以發覺到，「大海」
一直是明帝國發展海防過程中最難克服的問題，多少具前瞻性
的政策，迫限於此而轉彎或是退讓，致其原先欲得的功效大打
折扣，明初時設於福建海島的水師兵船基地－－水寨即是好
例，[56]當此一「守外扼險，禦敵海上」的備寇良策，遇上「茫
闊無際，風信難測」的大海，為駐防的官軍帶來諸如「地處孤
遠」、「孤懸大海中」、「在漲海中無援」、「將士憚於過海」或「島
上既少村落，又無生理」……等問題時，水寨便由海中被搬入
了內岸，烽火門水寨從烽火島上遷至岸邊的松山，[57]南日水寨

---

[56]　「水寨」一詞，用現今術語來說，性質類似於海軍基地。因為，明代的水師設
　　　有兵船，在沿海執行哨巡、征戰等任務。水寨，不僅是水軍及其兵船返航泊靠
　　　的母港，同時亦是兵船補給整備、修繕保養的基地，以及官軍平日訓練和生活
　　　起居的處所。明時，在福建邊海共設有五座水寨，若依地理位置分佈，由北向
　　　南依序為福寧的烽火門水寨、福州的小埕水寨、興化的南日水寨、泉州的浯嶼
　　　水寨以及漳州的銅山水寨，明、清史書稱福建「五寨」或「五水寨」。五寨的兵、
　　　船負責哨守於外，和陸地岸上的軍衛、千戶所、巡檢司相為表裏，共同肩負海
　　　防的重責大任。請參見何孟興，《浯嶼水寨：一個明代閩海水師重鎮的觀察（修
　　　訂版）》（臺北市：蘭臺出版社，2006 年），頁 11。

[57]　烽火門寨的內遷，係鎮守福建的戶部侍郎焦宏在正統九年時所提的建議，理由
　　　是「該地風濤洶湧、兵船不便樓舶」。見則宗憲，《籌海圖編》（臺北市：臺灣商
　　　務印書館，1983 年），卷 4，〈福建事宜・烽火門水寨〉，頁 24。另外，松山，地
　　　在福寧州東南瀕海處。請參見黃仲昭，《（弘治八閩通志）》（北京市：書目文獻

則由南日島搬入對面岸上的吉了澳，[58]浯嶼水寨則由浯嶼先遷
入近岸離島的廈門，[59]之後再北遷泉州灣岸邊的石湖（附圖一：
明代福建烽火門、南日和浯嶼三水寨內遷示意圖，筆者繪製。）。
上述內遷的烽、南、浯三寨，不僅難以發揮原有「守外扼險，
禦敵海上」的功能，甚至，因而發生一連串嚴重的後遺症，……。
烽火寨遷入松山後，讓原本倚為犄角之勢的附近港澳、海防據
點頓失所依，導致「沙埕、羅江、古鎮、羅浮九澳等險，孤懸
無援，勢不能復舊」的不良後果。[60]南日寨，則因寨址內撤回

58　出版社，1988 年），卷之 12，〈地理・福寧州〉，頁 11。

58　萬曆三年刊印的《興化府志》曾對南日寨內遷一事，載道：「洪武初，嘗命江夏
　　侯周德興經畧海防，既於□[該字模糊，難以辨識。]海增築衛、所城池，仍設水
　　寨，以抗扼津要，至周慎也。在興化有南日山，與泉州（之）浯嶼、福州（之）
　　烽火門為（水）寨三，景泰間，復增漳州之銅山、福州之小埕，共五（水）寨
　　矣。南日山，屹峙漲海中，乃倭艘必由之地，最為海門險要，據此置（水）寨，
　　與平海（衛）、莆禧（千戶所）互相掎角，可以外捍倭艘，使不敢窺泊。後有唱
　　為孤島無援之說者，乃移入吉了內澳，今文移仍稱南日山，名雖是而實則非云」。
　　見康大和等撰，《興化府志》（臺北市：漢學研究中心，1990 年），卷之 2，〈建
　　置志・武衛〉，頁 50。另外，吉了澳地處陸岸濱海，「其地宋曰擊蓼，距（興化）
　　郡城八十里，前控南網，右引小嶼，左帶湄洲。居民業海，貨貨輻湊，市廛聯
　　絡」。見何喬遠，《閩書》（福州市：福建人民出版社，1994 年），卷之 40，〈扦
　　圉志〉，頁 994。附帶一提的是，吉了，今名石城，地屬莆田縣，而「石城」之
　　地名，即源自南日寨遷于此建城而來。見傅祖德主編，《中華人民共和國地名辭
　　典：福建省》（北京市：商務印書館，1995 年），頁 93。

59　萬曆四十年時，蔡獻臣撰修的《同安志》，曾指出：「浯嶼水寨，原設於舊浯嶼
　　山外，不知何年建議，與烽火（寨）、南日（寨）一例，改更徙在廈門。說者謂，
　　浯嶼孤懸海中，既少村落，又無生理，賊攻內地，哨援不及，不如退守廈門為
　　得計」。見蔡獻臣，《清白堂稿》，卷8，〈同安志・防圉志・浯嶼水寨〉，頁 639。

60　胡宗憲，《籌海圖編》，卷4，〈福建事宜〉，頁 24。

陸岸邊，「舊南日棄而不守，遂使番舶北向泊以潮，是又失一
險」，[61]而且，南日島民亦因缺乏原先水寨兵、船的保護，恐遭
入犯盜寇的劫掠，遂「相率西徙而（南日）山空」。[62]至於，浯
嶼寨的情況更加地糟糕，自內遷廈門後，讓原先浯嶼淪為倭、
盜盤據的巢穴，[63]倭、盜以此為根據地，四處地流竄劫掠，荼
毒漳、泉沿海。由上可知，亦因大海充滿著許多不易克服的問
題，讓明中期軍政廢弛、人心怠玩的官弁，有此更好的理由去
說服當政者，將上述設在海島的水寨遷回到內岸，[64]但是，相
對地，明帝國及其子民亦要為此負出相當的代價。

其次，吾人若再拿澎湖和上述烽、南、浯三寨的原址位置
來做比較，可以發覺到，它距離內地更加地遙遠，毋說是明政

---

61 同前註，頁 23。文中「舊南日」，係指南日寨舊址的南日山。另「番舶」，主要
　　是指世宗嘉靖年間東來浙、閩、粵沿海販貿通商的葡萄牙商船。
62 何喬遠，《閩書》，卷之 40，〈扞圉志〉，頁 988。
63 造成此一結果的原因，和浯嶼地理位置的特殊性，有著直接的關聯。一者，因
　　該島九龍江河海交會口處一帶，不僅港澳優良，可供泊船、汲飲和躲匿風颶外，
　　同時該島亦在浙、閩、粵三省海上交通往來的要道上，更是進入漳、泉二府地
　　區的前進跳板；二者，浯嶼又恰好在泉、漳州二府轄境界上的海上，係屬三不
　　管地帶，再加上，該島草木茂密，易於藏樓和不法勾當的進行，這種難得的地
　　理「優越」位置，當然會吸引倭寇、海盜來此發展。請詳見何孟興，〈明嘉靖年
　　間閩海賊巢浯嶼島〉，《興大人文學報》第 32 期（2002 年 10 月），頁 794-796。
64 嘉靖晚期時的將領，福建都指揮僉事的戴沖霄即是好例，他便認為，「福建五澳
　　水寨……，俱在海外。今邊三寨于海邊，曰崓[誤字，應「浯」]嶼、烽火門、南
　　日是已，其舊寨一一可考，孤懸海中，既鮮村落又無生理，一時倭寇攻劫，內
　　地不知，哨援不及，兵船之設無益也。故後人建議，移入內地，移之誠是也」。
　　見章潢，《圖書編》（臺北市：臺灣商務印書館，1974 年），卷 57，頁 19。

府要對該地駐軍進行指揮和監督，連官軍要前去執行勤務都十分地不方便。因為，「澎湖去漳、泉四百里，而礁澳險隘，海波洶湧，我兵防汛率一月、半月始濟」，[65]此一泉州海外的要島，內地往返曠日費時，一旦有不法在此活動需往勦捕時，官軍心中亦不免會生遠隔大海、路途遙遠的恐懼壓力。例如萬曆年間，明政府要求水師渡海前去澎湖捕賊，浯嶼水寨把總唐濟澄便持反對的意見，上言道：

> 澎湖，某所轄汛地。無賊，何捕！若在海外，我徒眾少，遠逐必窮。[66]

但是，因唐的上司期以獲賊為功，不聽從其意見，仍「令軍士捕賊。波濤中，賊詐為賈舶來，火吾船；船卒爭避火，盡溺死。帥大悔」。[67]唐上述「若在海外，我徒眾少，遠逐必窮」一語，便道出澎湖是明代福建海防佈署上的一個不易施力、難以掌控的區塊！因為，大海風信難測，而且，距離又如此地遙遠，它增添了許多不可知的變數，降低了官軍掌握狀況的能力，然此，又僅是前往勦捕倭、盜而已，若是每年長達五月的春、冬汛防

65　洪受，《滄海紀遺》（金門縣：金門縣文獻委員會，1970 年），詞翰之紀第 9，〈建中軍鎮料羅以勵寨遊議〉，頁 77。

66　懷蔭布，《泉州府誌》，卷 56，〈明武蹟〉，頁 29。唐濟澄，晉江人，字士潔，世為泉州衛指揮僉事，七傳至於濟澄，襲職。唐的生平事蹟，請詳見同註 56，〈附錄：歷任浯嶼水寨把總生平事蹟表〉，頁 305。

67　同前註。文中的「帥」，可能係指閩省的總兵、副總兵或參將等較高階的將領。

勤務則問題更多，更遑論是要在該地進行築城置營、長年駐防的工作！所以，明政府在天啟五年（1615）澎湖屯防上改弦易轍的努力，雖然值得後人的肯定和讚佩，但是，它所會衍生出許多的問題，就常理來看亦不足為怪。

（二）「北邊緊張，遼餉孔急」。

除了「大海遠隔，監督不易」根本難解的問題外，另一個困擾明政府的是財政經費問題。因為，明代萬曆晚期時，東北遊牧民族滿洲人崛起，嚴重地威脅明帝國，隨著戰事的爆發，[68] 軍費的開銷逐漸地增加，[69] 中央朝廷因難以負荷，遂要求各省於田賦中加派以分攤軍費，亦因所收錢額主要用在遼東地區，故又稱為「遼餉」，而萬曆末年便有三次的遼餉加派。其中，首於萬曆四十六年（1618）九月時，依六年（1578）《會計錄》所定田畝全國約七○○餘萬頃，以每畝權加三厘五毫，總計加派額銀二，○○○，○三一兩，而福建遼餉加派額銀則為四六，九七八兩。次於四十七年（1619）十二月時，朝廷又以兵事緊急、

---

68 明末時，北方邊患問題嚴重，後金起兵南犯中國。萬曆四十四年，努爾哈赤統一女真各部，國號大金，建元天命，史稱「後金」。四十六年時，努爾哈赤以七大恨告天誓師討明。四十七年，後金於薩爾滸之戰重挫明軍，導致明在遼東軍事行動轉為戰略防禦，而後金則轉向為戰略進攻。請參見傅衣凌，《明史新編》（臺北市：昭明出版社，1999年），頁290-292。

69 明代晚期對後金女真用兵，開銷十分地龐大，軍費不可勝數。據崇禎年間戶部尚書畢自嚴的奏疏，萬曆末年至天啟七年，中央朝廷僅拖欠各邊鎮年例錢糧一項，便高達九百餘萬兩。請參見傅衣凌，《明史新編》，頁480。

軍費劇增的緣故，在原有的每畝三厘五毫外，再加三厘五毫，合計為七厘。不久，又於四十八年（1620）三月，中央兵、工二部以兵額增至一八,○○○萬人，要求每畝再另增二厘，加上先前七厘，總計為九厘，全國田畝七,○一七,八○九頃三十一畝，總計加派額銀五,○三四,六九六兩，其中福建田畝共一三四,二二五頃，遼餉加派額銀則為一二○,八○二兩。[70]由上可知，萬曆四十六年（1618）九月起，短短一年半的時間，先後加派地畝銀三次，且一次比一次高，造成地方政府和百姓不小的負擔。然而，明帝國北邊情勢卻未因加派遼餉而有所改善，尤其是天啟以後，隨著滿洲人進陷瀋陽、遼陽……等地，明在遼東的處境較前更加地嚴峻。[71]此一景況，又讓明帝國財政的開支繼續地膨脹，而先前田賦加派已不足應付軍費所需，朝廷另又再加徵關稅、鹽課和雜項銀等稅款，以為因應之，[72]而上述的

---

[70] 以上有關萬曆年間三次遼餉加派的內容，請參見楊永漢，《論晚明遼餉收支》（臺北市：天工書局，1998年），頁50-55。

[71] 天啟元年以後，努爾哈赤率軍進陷瀋陽、遼陽，攻破廣寧，明軍在遼東的局勢愈加地嚴峻。六年，明將袁崇煥死守寧遠城，努爾哈赤強攻不下，癰疽病歿，子皇太極繼位。七年，袁崇煥等又在錦州、寧遠重創後金大軍，皇太極改變策略，暫止攻堅明軍堡城，改行八旗騎兵擅長的野戰，襲擾京師、宣府、大同……等地，劫掠人口財物。崇禎二年以後，後金分兵三路，進入長城，直擾北京城下，袁崇煥、祖大壽率兵入關回援，大創後金軍，皇太極棄攻北京，改採反間計，誣指袁崇煥與後金有密約，崇禎帝誤信而殺袁，天下冤之，並致軍心解體，遼東局勢再度地惡化……。請參見傅衣凌，《明史新編》，頁461-467。

[72] 明代遼餉的主要來源有五，包括田賦、關稅、鹽課、雜項和帑金，前三者屬加派，後二者屬搜括。首先提出雜項銀的是天啟初年的戶部尚書汪應蛟，而遼餉的雜項，主要包括衛所屯田、優免丁糧、平糶倉、房屋稅契、典鋪酌分、督撫

新餉（含田賦加派、關稅、鹽課和雜項）在天啟元年（1621）時收入總共六,四七〇,六二八兩，二年（1622）新餉收入為六,三二八,三九九兩，三年（1623）時新餉中的雜項收入則為二,二八七,四六九兩，[73]用以挹注北邊戰事的龐大開銷。

前已提及，萬曆四十八年（1620）時福建田畝的加派地畝銀為一二〇,八〇二兩，若和相鄰的浙江四三〇,二七二兩、廣東二三一,一七八兩相比，明顯少了許多，主要是閩地山多田少，田畝僅一三四,二二五頃，難與浙江的四六六,九六九頃、廣東的二五六,八六五頃相匹敵。[74]至於，天啟以後的遼餉，田畝加派銀的部分，若以三年（1623）時為例，福建、廣東各維持原先的一二〇,八〇二和二三一,一七八兩，浙江稍降為四二〇,二七二兩，與先前差別並不十分地大；另外，雜項的部分，福建包括衛所屯田銀、優免丁糧、平糶倉、房屋稅契、抽扣工食……等項共計銀一七三,五九七兩，[75]和鄰省廣東的雜項銀數相差並不大，但是，閩、粵二省若和浙江相比的話，則明顯少了許多。[76]由上可知，整體而言，福建遼餉較鄰省的浙、粵來得輕些，造成此一現象的原因，明人陳仁錫在《皇明世法錄》卷之三十

軍餉、撫按捐助、巡按公費、抽扣公費和馬夫祗候。請參見楊永漢，《論晚明遼餉收支》，頁 59。

73　以上的內容，請參見同前註，頁 59-63。

74　以上的數據，請參見同前註，頁 54。

75　請參見同前註，頁 64。

76　天啟三年遼餉加派，福建雜項的部分，前已提及，共銀一七三,五九七兩，廣東共銀一六六,七二九兩，浙江則為銀二六一,〇一七兩。請參見同前註，頁 64-65。

四〈理財〉中，曾有如下的說明：

> 閩中封壤自促，無論正項[即一般田賦稅項]也，即加派
> 新餉[即遼餉地畝銀]僅十二萬兩，不及秦晉之半。且僻
> 處海隅，徵調不及，乃紅夷之患忽起肘掖[疑誤字，應「腋」]
> 有所以召之者，且浸浸有通倭之漸，新餉所加較直省為
> 輕。自地畝而外雜項等銀[即遼餉雜項銀]，無再欠之理
> 也。[77]

亦即福建因要應付荷人佔據澎湖、要求直接互市的挑戰，又要
防患不法私通倭人等情事的問題，地方開銷自然不小，朝廷體
諒此一難處，所以較它省遼餉加派少了許多。雖係如此，財政
困難的閩省當局，依然無力如期全數地將遼餉額數上繳朝廷，
故有上述「自地畝而外雜項等銀，無再欠之理也」的說法由來，
而且，此一問題愈到後期愈為嚴重，福建拖欠朝廷舊餉的額數，
在天啟六年（1626）該徵解的銀數為九,九一九兩，卻尚欠款項
高達九,五六二兩，僅解完銀為三五八兩，到了七年（1627）時，
情況更加地糟糕，需徵解銀為二二,四八六兩，而拖欠款額亦是
二二,四八六兩，未繳交半毛錢給朝廷。[78]另外，閩省財庫困窘
的景況，亦可由該年（1627）閩撫朱一馮為掃蕩海盜鄭芝龍、
酉二老等人亟需兵費，而奏請中央可否免徵雜派各項銀兩中得

---

77 陳仁錫，《皇明世法錄》（臺北市：臺灣學生書局，1965 年），卷之 34,〈理財〉，
頁 11。
78 以上的內容，請參見同楊永漢，《論晚明遼餉收支》，頁 78。

知一二，朱在疏中曾懇求道：

> 閩省錢糧額數原少，如京、邊以及加派遼餉、助工等項，
> 臣何敢輒請！而雜派各項銀兩，輸之度支，不過九牛之
> 一毛；而留之本省，便是涸鮒之斗水。伏乞皇上軫念海
> 邦，俯捐遺秉滯穗，使臣得為數米之炊而不至為無米之
> 炊。若此區區者而並靳之，則不如索臣於枯魚之肆，而
> 閩事去矣。[79]

由上可知，在閩省財政如此困難的情形下，吾人就常理去推測，
「開銷龐大又難發揮功能，監督困難且易滋生弊端」的澎湖戍
軍，早晚會成為明政府檢討的重要對象，尤其是，以下的兩個
問題和財政經費有密切的關聯。一、兵力的數量。澎湖遊擊戍
軍共有二，一〇〇餘人，是否需要繼續維持目前如此龐大的數
額？因為，對岸重要兵鎮的泉南遊擊，除轄管陸兵新、舊兩營，
尚有浯嶼水寨、浯銅遊兵二支水師，額兵總數亦不過二，五〇〇
人而已。二、駐防的時間。原先澎湖僅有春、冬五個月的汛期
防務，今駐軍改為十二個月的長年戍防型態，而先前澎湖、澎
衝二遊兵，每兵月餉九錢；春、冬二汛時前往防守，每月再加
給行糧三錢，共一兩二錢。今改為長年屯守後，每兵給月糧一
兩二錢，不再發給行糧，每兵年餉一十四兩四錢，水、陸有新

---

[79] 臺灣銀行經濟研究室編，《明實錄閩海關係史料》，〈熹宗實錄〉，天啟七年八月
癸丑條，頁143。

舊額兵二,一〇〇餘人,歲餉約為二八,〇〇〇餘兩,扣除澎遊舊兵原餉外,需再增編新餉二三,〇〇〇兩,此舉亦增加明政府財政不小的負擔,故若能減少澎湖駐軍的數量,或是再行調整戍防的型態,例如將全年戍防改為春、冬汛防,對福建當局的財政當有不少的助益。

（三）「駐軍收賄,功能不彰」。

前文內容中曾述及,澎湖遊擊將軍王夢熊貪汙不法被揭發嚴懲外,吾人亦可發覺到,澎湖官兵在從事非法活動時,是一「集體」性的行為,上下形成「共犯」性的結構,王的犯行僅是澎湖駐軍問題的冰山一角而已,而且,可確定的是澎湖官兵不法的情事,又和在該地活動頻繁的荷人有著密不可分的關係－－亦即澎湖駐軍的功能無法彰顯,與荷人糾葛不清的關係有一定程度的關聯。因為,不僅澎湖的將弁收受荷人的賄賂或好處,甚至於,連閩省的高層官員亦涉嫌其中,此可由荷人的史料中獲得證實。

首先是,荷人前來東亞海域活動目的主要是在經商貿易,澎湖是其東亞貿易重要的中間轉運站。[80]荷蘭船隻經貿航經澎

---

[80] 荷人在東亞海域進行經貿活動,根據江樹生譯註《熱蘭遮城日誌（第一冊）》（臺南市：臺南市政府,2000 年）上的相關記載,筆者初步整理之後,目前所知,大致有以下幾條較重要的貨物運載路線：1.印尼雅加達（即巴達維亞,Batavia）→澎湖→日本。2. 巴達維亞→澎湖→臺南安平（即大員,Tayouan）。3. 澎湖→臺南安平→印尼雅加達。4.臺南安平→澎湖→日本。5.中國沿海→澎湖→大員。

湖的路線和貨物裝卸運送的常有模式，大致如下：荷人大船由
巴達維亞（Batavia，今日印尼雅加達）前來澎湖，進行裝、卸
貨物後，再航往日本。亦即由將由巴達維亞運來的貨物，其中
要轉運到今日臺南安平——即大員（荷文 Tayouan，明代史書
又作大灣或臺灣）的，先在澎湖卸下，交給由安平前來澎湖的
荷人中型船隻－快艇或中國式的戎克船運回，而快艇或戎克船
則將由安平運來澎湖轉送日本的貨物，交給先前卸下部分貨物
的荷蘭大船，裝上該船一起運往日本，進行交易買賣。例如一
六三八年（崇禎十一年）八月十一日，荷蘭東印度公司派上席
商務員保羅・特勞牛斯（Paulus Traudenius）由安平出發，帶領
裝載著要運往日本的貨物的快艇 Cleyn Bredamme 號、
Waterloosewerve 號以及五艘中國人的戎克船出航前往澎湖，並
要去那裡卸下由巴達維亞駛來的大船 Swol 號上的各種貨物，
然後儘快將這些由安平帶來的貨物，再裝上 Swol 號出航前往
日本。[81]

　　雖然，在天啟四年（1624）七月遭明大軍包圍被迫由澎湖
轉往臺灣發展，但船堅砲利的荷船依然是福建沿岸、澎湖和臺
灣海域最強具威脅性的武力，[82]明軍的水師以及中國海盜、私

6.中國沿海→臺南安平→澎湖→日本。由上述的內容，可以得知澎湖在其中扮演
　關鍵的角色，稱其為荷人在東亞重要的貿易轉運站，一點也不為過。

[81]　請參見江樹生譯註，《熱蘭遮城日誌（第一冊）》，頁405。

[82]　請參見江樹生主譯/註，《荷蘭聯合東印度公司臺灣長官致巴達維亞總督書信集II
　　（1627-1629）》（南投市/臺南市：國史館臺灣文獻館/國立臺灣歷史博物館，2010

梟仍無法與其匹敵。而值得注意的是，荷人要退走臺灣時，長官宋克（Martinus Sonck）曾和福建副總兵俞咨皋協議，荷人退出中國領土的澎湖前往臺南安平，明政府同意讓內地人民前來安平進行買賣交易，[83]或許有一部分原因，是受到這層關係的影響而產生一個奇特的現象，即一方面澎湖守軍對於以澎湖做為經貿轉運站的荷人船隻採取視而不見的態度；另一方面，荷人在澎湖的活動亦採低姿態的方式避免刺激當地的駐軍，即荷船在澎湖僅作短暫停留卸貨的工作，[84]盡量避免正式公開地在澎湖入港停泊，[85]甚至如無必要，荷船盡量少去中國沿岸活動，

年），頁 334-335。

[83] 請參見江樹生主譯/註，《荷蘭聯合東印度公司臺灣長官致巴達維亞總督書信集 I（1622-1626）》，頁 131。另外，荷人亦指出，「1624 年，我方的人與中國國王的官吏在澎湖締約，我方的人須撤離那地方【澎湖】，去大員定居，而那些官吏將將允許他們人民去那裡【大員】跟我方的人交易」（見同註 82，頁 338。）。上文符號"【 】"中的內容，係書中的原註。

[84] 請參見江樹生主譯/註，《荷蘭聯合東印度公司臺灣長官致巴達維亞總督書信集 I（1622-1626）》，頁 228。

[85] 根據荷人的記載，例如一六二五年夏天荷蘭大船 Wapen van Zeelandt 號前來澎湖，澎湖的中國人（應指駐防澎湖的明軍）對該船停泊澎湖一事頗為憤怒，而且，中國（指明政府）還派人前來澎湖查訪東印度公司船隻在此行動的情形，不僅如此，都督（疑指明將謝弘儀）、總兵（疑指明將俞咨皋）各又派一位把總來臺南安平，並質問長官宋克（Martinus Sonck）說，你們不是說過不再派船去澎湖入港了嗎？對此，宋克和大員商館議會亦認為，荷船去澎湖停泊而在中國（指明政府和駐澎明軍）造成的騷動不安，很可能導致雙方貿易急速地倒退，故決議要求 Wapen van Zeelandt 號儘快地在澎湖裝卸完貨物後，便立即啟程前往日本。至於，該船卸下要送回臺南安平的貨物以及安平要透過該船送去日本的貨物，則派遣快艇 Den Haen 號去執行此一任務。請參見同前註，頁 226。

⁸⁶以免引起中國官員的騷亂不安或不滿！例如天啟四年（1624）九月時，在所有荷船都撤離澎湖後，荷人亦在預先告知澎湖守將王夢熊並取得他的同意下，請先前斡旋和議的「中國甲必丹」（Cappiteijns China）李旦的夥伴顏思齊（Pedro China），去租一艘船搭載兩位東印度公司的人員前去澎湖，去等候即將由日本航來此地的荷蘭船隻，「要去把（該船上）寄來此地[指安平]的信帶回來，把我們[指安平的荷人長官或商館議會]的信交給那些船隻的主管，（讓他們順便將信）【帶去巴達維亞】，並去祕密偵查那邊[指澎湖]的情形和中國人[主要是指澎湖的明守軍]的活動」。⁸⁷荷人如此地小心翼翼的舉措，主要是他們相信此一友善的舉動，亦有助於實現直接貿易的目標，早日到中國沿岸做生意買賣，而上述中、荷雙方在澎湖「默契」十足的特殊現象，在崇禎二年（1629）明政府改變澎湖遊擊的駐防方式，即由長年戍守改回僅春、冬兩季汛防之前的這幾年，它的情況似乎特別地明顯！至於，中、荷雙方在澎湖為何有如此好的「默契」，除了宋克（Martinus Sonck）、俞咨皐二人上述的協議外，澎湖的明軍守將甚或閩省高層官員收受荷人的好處，或接受其財貨的賄賂，更是重要的關鍵原因。

　　荷蘭人於天啟四年（1624）退走臺灣後，為使其在澎湖經

---

⁸⁶　請參見同前註，頁294；同註82，頁335。

⁸⁷　江樹生主譯/註，《荷蘭聯合東印度公司臺灣長官致巴達維亞總督書信集Ⅰ（1622-1626）》，頁141。附帶說明的是，上引文中符號"【】"的內容，係書中的原註。

貿貨物轉運的工作能順利地進行，以賄賂或給好處的手段來收買澎湖的守軍將領，例如荷人先貸款給遊擊王夢熊、把總葉大經……等人，他們便利用此錢去購買生絲等貨品，之後再賣給荷人，以賺取其間的差額利潤。前已提過，王夢熊便曾利用其手下為荷人代買湖絲、紬段、刀、槍、壞鐵等貨而致富不貲，[88]即是好例，另如澎湖遊擊標下把總的葉大經，荷人史料曾載道：

> 關於我們貸出的債款，首先，有 2,550 荷盾貸給澎湖的守備（Sioupij）葉大經（Japteyking），即現任的澎湖的主管，和 127：10.-荷盾貸給那裡【澎湖】的翻譯員 Thienenpan。這兩筆貸款是在他們懇切請求讓他們於八個月後以良好的生絲償還的條件下貸給他們的，貸款期限從今年[即 1625 年]6 月 10 日起算。[89]

由上可知，澎湖將吏除了王夢熊外，葉大經、翻譯員 Thienenpan 等人亦幹此勾當來謀取己利，之後的葉還因積欠荷人貸款未還，導致在臺長官德·韋特（Gerrit Ferdericksen de Witt）在隔年（1626）船航路過澎湖時，前去找他商談償債之事。[90]其實，不僅葉如此，王夢熊在劣行被揭發而被調離澎湖接受調查時，

---

[88] 請參見福建巡撫朱一馮，〈為倭警屢聞宜預申飭防禦事〉，收入臺灣史料集成編輯委員會編，《明清臺灣檔案彙編》，第一輯第一冊，頁 276。

[89] 同註 87，頁 238。

[90] 請參見同前註，頁 265。

他亦尚未償還向荷人所借的債款。[91]除了採取貸款的手段外，荷人亦饋贈胡椒、檀香木和象牙等貴重禮物給澎湖的守將，來攏絡彼此間的感情，以方便澎湖經貿貨物轉運工作的進行，它的情形誠如 1628 年（崇禎元年）時，荷人臺灣長官納茨（Pieter Nuijts）所說的：

> 以前我們饋贈一些胡椒、檀香木和生象牙給澎湖的指揮官，因為我們想，本季會有幾艘大船從巴達維亞[即今日印尼雅加達]或暹羅[即今日泰國]來，這些大船必須在澎湖入港停泊。如果，屆時他不替我們設想，我們將怎麼辦？我們用三千里爾的禮物去贏得中國的軍門[指福建巡撫]和其他大官們的好感和關懷，會比發動戰爭獲得的利益多上六倍。[92]

所以，在荷人利誘的情形下，澎湖守將遂對此地活動的荷人採取漠視的態度，他們已與荷人形成了「共犯」的結構，為了個人私利而怠忽職守。

其次是，荷人收買的對象不僅澎湖高階將領而已，連下層的明軍兵船指揮官亦不放過，[93]其方式亦採上述貸款的模式來

91　請參見同前註，頁 305。

92　請參見江樹生主譯/註，《荷蘭聯合東印度公司臺灣長官致巴達維亞總督書信集 II（1627-1629）》，頁 155。

93　請參見江樹生主譯/註，《荷蘭聯合東印度公司臺灣長官致巴達維亞總督書信集 I（1622-1626）》，頁 239、265 和 305。

進行，讓其購買貨物再轉賣荷人獲取利潤，例如一六二六年（天
啟六年）時臺灣長官德‧韋特（Gerrit Ferdericksen de Witt）便
曾透過商人許心素，[94]去聯絡兵船指揮官 Onpou、Laupou 和
Limpou 三人，要求他們繳交全部償債的貨物。[95]另外，更駭人
聽聞的是，荷人還用厚禮或金錢賄賂閩省的高層官員或其親
人，其中包括有驅荷復澎的將領謝弘儀、俞咨皋等人，藉以早
日實現直接與中國進行貿易的目標，甚至筆者還懷疑，王、葉
等守將敢肆無忌憚地拿荷人的好處，並讓荷人在自己的防區來
往自如，是否係得到同樣都是收賄的長官之默許或私下授意，
亦不無可能。至於，閩省高官收受賄賂禮物的例子，一六二四
年（天啟四年）十二月荷人的史料載稱，如下：

> 以前我們曾經贈送小禮物給即將擔任廣東省的都督【謝
> 弘儀】、及將擔任福州省[即福建省]都督【俞咨皋】的兩
> 個孩子，以及兩位海防官[疑指泉州和漳州海防同知]和
> 遊擊[疑指泉南遊擊]。所饋贈的，包括現金和商品，約
> 為八百里爾。我們因為很缺乏商品可以饋贈，因為我們
> 饋贈時經常就只能用那幾種商品饋贈，以致現在必須用

94　許心素，此人曾在天啟四年居間為當時明攻澎將領俞咨皋和旅日私梟首領李旦
　　牽線，讓李出面調解中、荷的僵局，並迫使荷人離開澎湖的重要關係人，請參
　　見蘇同炳，《明史偶筆（修訂版）》（臺北市：臺灣商務印書館，1995年），〈李旦
　　與鄭芝龍〉，頁224-230。

95　請參見同註93。另外，該書的註解曾提及，上文的 Onpou、Laupou 和 Limpou，
　　可能是王伯、林伯和劉伯的音譯，特此說明。

現金來饋贈。我們也經由上述（的）【許】心素饋贈四百
里爾給這將來的廣東省都督的幾個重要部屬。以後，我
們若看到【饋贈禮物】有顯著的成效，我們會精確地選
擇適合贈送對方的禮物，因為對中國人就需要饋贈禮
物。[96]

荷人賄賂閩省官員的對象，包括有謝弘儀、俞咨皋的兩個小孩
以及謝弘儀底下幾個重要的部屬，另外，疑尚有掌管地方海防
的「海防官」即泉、漳二府的同知（又稱「海防同知」），[97]以
及負責泉、漳沿岸防務的泉南遊擊將軍。[98]此外，荷人亦常利

---

[96] 請參見同註 93，頁 166。有關謝弘儀、俞咨皋二人的職銜，天啟四年逐荷復澎
之役時，謝弘儀的是「鎮守福浙總兵官」，俞咨皋的官銜是「福建南路副總兵」，
之後，謝、俞因收復澎湖有功，謝陞調廣東總兵官，俞則陞補謝的遺缺。請參
見臺灣銀行經濟研究室，《明季荷蘭人侵據彭湖殘檔》，〈兵部題「彭湖捷功」殘
稿〉，頁 35。附帶一提的是，本章節文中常語及的閩省（或福建）總兵，其正式
職銜為「鎮守福浙總兵官」，此時該職似亦兼轄鄰省浙江的軍事業務，有關此，
待日後進一步釐清。

[97] 同知一職係知府或知州佐貳之官，正五品，各府、州無定員，多僅置一員例如
泉州府，亦設有二員如漳州府（其中有一人負責海防業務）。明時，福建沿海四
府一州的海防同知，除佐助分巡、守二道監督該府、州海防事務的進行外，其
它如轄境內水寨、遊兵的錢糧補給、器械供輸等項，皆屬其業務範圍，亦因「其
職在詰戎蒐卒，治樓船，簡器械，干撝海上，以佐觀察使者為封疆計」（見葉向
高，《蒼霞草全集》（揚州市：江蘇廣陵古籍刻印社，1994 年），蒼霞餘草卷之 1，
〈福寧州海防鄧公德政碑〉，頁 8。），故一般又稱其為「海防官」。

[98] 泉南遊擊，天啟元年設立，置有指揮官「遊擊將軍」一人，駐防廈門中左所，
但至二年五月改移駐泉州府城，五年時又北移至泉州門戶的永寧駐劄。但至崇
禎八年以後，泉南遊擊卻遭到明政府裁撤的命運。請參見何孟興，〈明末浯澎遊
兵的建立與廢除（1616-1621 年）〉，《興大人文學報》第 46 期（2011 年 3 月），

用商人李旦、許心素二人充當白手套的角色，來進行賄賂閩省官員的工作。[99]其中，更離譜的是，天啟五年（1625）五月新任的閩撫朱欽相上臺時，[100]荷人還請許心素去請教俞咨皋，「我們[指荷人]是否需要以（荷蘭東印度）公司的名義贈送禮物給新任軍門[指閩撫朱欽相]和其他幾位大官，用以博取他們對我們的好感」，[101]而且，由荷人史料中得知，他們欲行賄的對象主要都是與閩省海防業務相涉者，[102]包括有「福州軍門（Conbon）」的巡撫，疑是布政使的「布政」（pousing），疑為興泉道和漳南道的兩位「海道」（haytocks），[103]以及泉、漳二府海防同知的兩

頁 149。

[99]　請參見江樹生主譯/註，《荷蘭聯合東印度公司臺灣長官致巴達維亞總督書信集 I（1622-1626）》，頁 165、166、187、229、239、262 和 266；江樹生主譯/註，《荷蘭聯合東印度公司臺灣長官致巴達維亞總督書信集 II（1627-1629）》，頁 19 和 333。

[100]　朱欽相，江西臨川人，原職為太僕寺少卿，天啟五年五月以右僉都御史巡撫福建。朱雖於任內討撫海盜楊六（即楊祿）有功，後卻因忤逆宦官魏忠賢而於六年七月遭除名削籍。

[101]　請參見江樹生主譯/註，《荷蘭聯合東印度公司臺灣長官致巴達維亞總督書信集（1622-1626）》，頁 239。

[102]　請參見同前註，頁 187。

[103]　文中的興泉道和漳南道，係原書註釋中的看法，但筆者認為，除了興、漳二道外，尚有可能是指巡海道和分守漳南道。因為，福建水寨、遊兵的督導上司係巡海道和分守道，「寨、遊俱屬分守、巡海二道、總鎮[即總兵]、遊擊提督及清軍海防同知稽叢」（見顧亭林，《天下郡國利病書》（臺北市：臺灣商務印書館，1976 年），原編第二十六冊，〈福建・興化府・水兵〉，頁 55。）。但是，有時分巡道亦會參與軍事督導的工作，此亦是事實。

位「海防」（haijongs）。[104]然而，荷人許多的賄款卻遭一六二五年（天啟五年）七月逃往日本的李旦所侵吞而損失不輕；[105]加上，許心素又於一六二八年一月（即天啟七年十一月）被海盜被鄭芝龍殺害，[106]讓在臺荷人的行賄策略遭受到了重創，同時亦使巴達維亞當局認為，「餽贈了很大的金額給幾個中國人，使（荷蘭東印度）公司遭受很大的損失」，[107]為此還訓令新任的長官納茨（Pieter Nuyts）、普特曼斯（Hans Putmans）等人不可再

---

[104] 請參見同註102。

[105] 一六二五年七月初，李旦侵吞荷人賄款禮物後，便離開了臺南安平前往日本，八月就病逝於日本。李侵吞的款項，主要有二：一是一六二四年十一月二十八日荷人欲贈與謝弘儀的臣僕或家人的四百里爾。二是一六二五年二月十八日荷人欲贈送閩省「軍門」（Conbon）四百里爾、「布政」（pousing）一百里爾、兩位「海道」（haytocks）各一百里爾以及兩位「海防」各一百里爾。請參見同註101，頁229-230。

[106] 一六二八年一月許心素被海盜鄭芝龍襲擊喪命，此事件的爆發是因許、鄭兩人利益衝突而起的。曹永和院士曾指出，許、鄭兩人原各為旅日私梟首領李旦在福建和大員的代理人，負責疏通兩地交易買賣上的障礙，但這個由李旦所建立結合荷人的中日貿易網絡計劃，一六二五年卻因李旦病亡而中斷。而原本在臺擔任荷人通譯的鄭，後在荷人支援下搖身一變為劫掠前往馬尼拉中國商船的海盜頭目；許則勾結福建總兵俞咨皋，利用明政府軍中有利地位，成為荷人販貿合作夥伴，運商品至大員來與荷人交易。但後來，鄭離開荷人扶持的海盜船，投身大陸沿海制海權的爭奪戰，鄭雖掠奪沿海，卻也想伺機接受明政府招撫。沿海勢力逐漸擴大的鄭，遂與許爆發利益上的衝突，鄭便在一六二八年一月攻入廈門，殺了荷人支持的許心素，並迫使俞咨皋棄城遁逃。見曹永和，《臺灣早期歷史研究續集》（臺北市：聯經出版事業股份有限公司，2000年），〈環中國海域交流史上的臺灣和日本〉，頁22。

[107] 請參見江樹生主譯/註，《荷蘭聯合東印度公司臺灣長官致巴達維亞總督書信集II（1627-1629）》，頁333。

採取前任長官宋克（Martinus Sonck）與德・韋特（Gerrit Ferdericksen de Witt）的策略，改用協助中國官員對付海盜的方式以博取好感，藉以謀求直接貿易的可能。[108]

　　最後要談的是，荷人行賄的手段不僅方便其在澎湖進行貨物轉運外，同時亦讓澎湖守將中的受賄者成其情報消息的提供者，甚至還讓他們成為對付勁敵西班牙人的最佳幫手。一六二七年（天啟七年）八月時，西班牙在菲律賓的總督塔佛拉（Juan Niño de Tabora）親率艦隊欲北上攻打在臺的荷人，後卻因天候不佳半途撤回，[109]但在七月已先派出的兩艘兵船欲循臺灣東海岸前往雞籠，卻又因風向不對而駛入臺灣海峽，八月意外到達了澎湖，並受當地的明軍接待，明軍希望西人去攻佔安平，並且願意提供他們彈藥和補給，另外，還出示一些因船難被逮捕的荷人俘虜。[110]雖然，澎湖的明守軍是站在荷人敵對的一方，但其內部卻有層階不低的人，在此事當中充任荷人的耳目，並暗助荷人欲將西人趕離澎湖。關於此，荷人史料載道：

---

[108]　同前註。

[109]　請參見荷西・馬利亞・阿瓦列斯（José María Alvarez）原著，李毓中、吳孟真譯著，《西班牙人在臺灣（1626-1642）》（南投市：國史館臺灣文獻館，2006年），頁39。

[110]　以上的內容，請參見陳宗仁，〈西班牙文獻中的福建政局－官員、海盜與海外敵國的對抗與合作（1626-1642）〉，收入呂理政主編《帝國相接之界：西班牙時期臺灣相關文獻及其圖樣論文集》（臺北市：南天書局有限公司＆國立臺灣歷史博物館籌備處，2006年），頁324。

【1628 年】2 月 20 日有一艘戎克船從澎湖載一個官吏來此地[即安平]（是由其他的高官派來向我們致意和歡迎的）。我們從這個官吏聽說，六個月前有兩艘 galleij 船[即上述西班牙船隻]去過澎湖，這個官吏自己曾經到那些船上用餐，這兩艘船偕同六艘 gallioen 船和數艘戎克船一起從馬尼拉出航，準備要來攻擊我們。……但是這個官吏令她們[指西班牙人]出航離去。……他們[指西班牙人]懇請這官吏向軍門申請許可，使他們可以在澎湖再逗留一段時間，這要求被拒絕了（看來他們沒有給足夠的饋贈），所以她們必須離開澎湖前往雞籠—淡水。[111]

由上述荷人得意且輕蔑的口吻中，可知「接受饋贈或好處」對澎湖將吏而言，似乎是件稀鬆平常的事，類似如上述攫走西人的官員、王夢熊、葉大經、翻譯員 Thienenpan……這樣的人似乎還真不少，他們與荷人的關係匪淺、互動頻繁，而這種關係卻是建立在禮物、貸款以及非法的走私買賣之上，在如此情形之下，如何能期待他們可以堅守崗位、保疆衛土？所以，澎湖駐軍功能不彰，本是預料中之事！

---

[111] 江樹生主譯/註，《荷蘭聯合東印度公司臺灣長官致巴達維亞總督書信集 II（1627-1629）》，頁 81-82。上文中的原註指出，西班牙 galleij 船是一種雙桅帆槳的戰船，至於 gallioen 船則較 galleij 為大，船身有三層甲板，又譯稱「大帆船」或「大海船」。另外，除前已提及上引文中符號"【 】"的內容係書中的原註外，符號"（ ）"的內容亦是荷文書信原檔案中原有的括弧之內容，特此說明。

四、結　論

　　大海，可稱是明帝國發展海防過程中最難克服的問題。因為，不少具前瞻性的政策因此而被迫轉彎或是退讓，致其原先所預期的功效被打折扣。不管是明代前期福建兵船基地－－水寨的內遷，或是明末澎湖遊擊監督不易的問題，皆是因「茫闊無際，風信難測」的大海所致。

　　天啟五年（1625），明政府在逐走荷人後，在澎湖進行大規模的兵防佈署，並設立了澎湖遊擊鎮守該地，然而，卻因無法找出一個有效的制度或方法，來監控澎湖的駐軍；加上，該地又是荷蘭重要的貿易轉運站，荷人為使其工作能順利地進行，遂採取賄賂或給好處的手段，來收買當地的守軍；同時，駐防澎湖的將弁亦仗恃「大海遠隔，監督不易」而恣意妄為，於是發生了諸如游擊王夢熊替結拜兄弟的海盜鄭芝龍製造兵器彈藥，捕盜李魁私載兵丁投靠鄭芝龍……等一連串匪夷所思的情事。亦因澎湖駐軍無法發揮預期應有的功能，尤其是，王夢熊惡行被舉發而遭處重刑後，此案不僅讓新設的澎湖遊擊體制遭受不小的創傷，同時，多少亦影響了明政府日後對澎湖進行裁軍的決策走向。加上，此際北方滿人犯邊的問題嚴重，明政府軍費暴增，財政開支愈加地龐大，各省必須分攤中央交派的軍費，財政窘困的福建亦不得例外，故此際若能減少澎湖駐軍數額，或調整其戍防的型態，如將全年駐防改為春、冬汛防，對福建當局的財政亦當有不少的助益，亦因上述的這些因素，明

政府便對新設不到十年的澎湖遊擊，進行裁撤半數兵力的動作，時間至遲不晚於崇禎六年（1633）七月。至於，被裁撤的對象，主要是澎湖遊擊轄下的澎湖把總及其部隊，共約一,一○○人左右。

總而言之，「大海遠隔，監督不易」的地理因素、「北邊緊張，遼餉孔急」的財政因素，以及「駐軍收賄，功能不彰」的人為因素，上述三者讓明政府不得不去深入檢討，天啟五年（1625）設立澎湖遊擊，佈署了二千餘人的兵力，長年把守這個孤遠、貧瘠的海島，此一耗費巨大財力、弊端叢生、功能卻不彰顯的措置，是否值得再繼續地執行下去？此亦是明政府對澎湖遊擊進行裁軍背後的源由所在。

（原始文章刊載於《興大人文學報》第 49 期，國立中興大學文學院，2012 年 9 月，頁 46-72。）

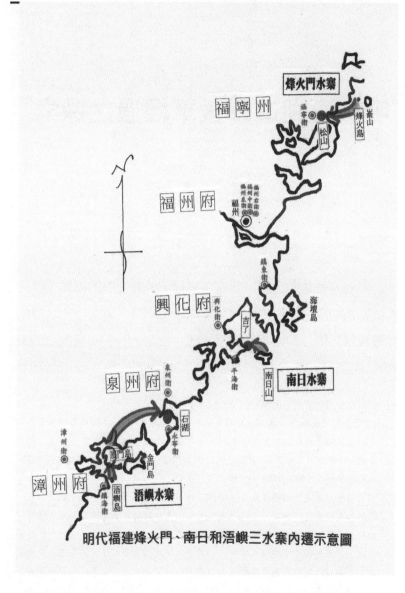

明代福建烽火門、南日和浯嶼三水寨內遷示意圖

附圖一：明代福建烽火門、南日和浯嶼三水寨內遷示意圖，筆者繪製。

明末澎湖遊擊裁軍經過之探索[*]

一、前　言

　　大海一直是明帝國發展海防過程中最難克服的問題，多少具前瞻性的政策，迫限於此而轉彎或是退讓，致其原先欲得的功效大打折扣，例如明代前期福建兵船基地－－水寨內遷的原因，[1]或是明末時澎湖遊擊監督不易的問題，便皆係因茫闊無

---

[*]　本文發表於《硓𥑮石：澎湖縣政府文化局季刊》第 69 期時，因撰寫過程至為匆促，文中部分詞句稍欠允當，今利用文集出版之機會加以調整修正。其次是，文末所附之照片「附圖三：蔡獻臣的故鄉金門瓊林」，亦因一時疏漏而誤植它圖，今已調整更正，特此說明。

[1]　明初時，水寨設於福建海島上，發揮守外扼險、禦敵海上的功能，然而，此一禦倭良策遇上茫闊無際、風信難測的大海，為駐防的官軍帶來諸如地處孤遠、孤懸大海中、在漲海中無援、將士憚於過海或島上既少村落又無生理……等問題時，水寨便由海中被搬入了內岸。其中，烽火門水寨從烽火島上遷至岸邊的松山，南日水寨則由南日島搬入對面岸上的吉了澳，浯嶼水寨則由浯嶼先遷入近岸離島的廈門，之後再北遷泉州灣岸邊的石湖。上述內遷的烽、南、浯三寨，不僅難以發揮原有守外扼險、禦倭海上的功能，甚至，因而發生一連串嚴重的

際、風信難測的大海有以致之。熹宗天啟五年（1625）時，明政府逐走荷蘭人後，在澎湖進行大規模的兵防佈署，[2]除設立澎湖遊擊將軍鎮守外，並派遣了二千一百餘名的水、陸官兵，[3]來戍守此一失而復得的海上要島。但是，明政府卻因無法找出一個有效的制度或方法，來管控或監督當地的駐軍，而且，澎湖又是荷人東亞貿易的重要轉運站，[4]他們為使貨物轉運的工作能

後遺症。烽火寨遷入松山後，讓原本附近的港澳、海防據點頓失所依。南日寨，則因寨址內撤回到陸岸邊，「舊南日棄而不守，遂使番舶北向泊以潮，是又失一險」（見胡宗憲，《籌海圖編》（臺北市：臺灣商務印書館，1983 年），卷 4，頁23。），而且，南日島民亦因缺乏原先水寨兵、船的保護，恐遭入犯盜寇的劫掠，遂「相率西徙而（南日）山空」（見何喬遠，《閩書》（福州市：福建人民出版社，1994 年），卷之 40，頁 988。）。至於，浯嶼寨的情況更加地糟糕，自內遷廈門後，讓原先浯嶼淪為倭、盜盤據的巢穴，倭、盜以此為根據地，四處地流竄劫掠，荼毒漳、泉沿海。有關烽、南、浯三寨內遷的詳細經過，請參見何孟興，《浯嶼水寨：一個明代閩海水師重鎮的觀察（修訂版）》（臺北市：蘭臺出版社，2006年），頁 150-168。最後，附帶說明的是，筆者為使文章前後語意更清楚，以方便讀者閱讀，會在本文引用句內「」加入文字，並用符號（）加以括圍，例如上文的「相率西徙而（南日）山空」。

2　天啟五年時，明政府逐走荷人後，重新佈署澎湖的防務，並藉由細密的構思和安排，規劃出增設陸兵水陸兼備、陸主水輔固守島土、設立遊擊提升層級、築城置營長年戍防，以及軍民屯墾守耕並行等相關的措致，希望使澎湖成為固若金湯的海上堡壘，有關，請參見何孟興，〈鎮海壯舉：論明天啟年間荷人被逐後的澎湖兵防佈署〉，《東海大學文學院學報》第 52 卷（2011 年 7 月），頁 105-106。

3　史載，「照得彭湖遊擊一營，水陸官兵非二千餘名不可。查彭湖、（彭湖）衝鋒兩遊（兵），額設舊兵共九百三十五名。今增新兵一千一百六十九名，共二千一百零四名」。見臺灣銀行經濟研究室，《明季荷蘭人侵據彭湖殘檔》（南投市：臺灣省文獻委員會，1997 年），〈兵部題行「條陳彭湖善後事宜」殘稿（二）〉，頁21。

4　荷蘭船隻經貿航經澎湖的路線和貨物裝卸運送的常有模式，大致如下：荷人大

順利地進行，不惜採取賄賂的方式，[5]來收買當地的守軍，而澎湖的將弁亦憑恃著大海遠隔，明政府監督不易的漏洞胡作非為，在如此的情況下，遂發生許多離譜誇張的不法行為，例如澎湖遊擊王夢熊替海盜鄭芝龍製造兵器和彈藥，[6]捕盜李魁私下

船由巴達維亞（Batavia，今日印尼雅加達）前來澎湖，進行裝、卸貨物後，再航往日本。亦即由將由巴達維亞運來的貨物，其中要轉運大員的，先在澎湖卸下，交給由大員前來澎湖的荷人中型船隻－快艇或中國式的戎克船運回，而快艇或戎克船則將由大員運來澎湖轉送日本的貨物，交給先前卸下部分貨物的荷蘭大船，裝上該船一起運往日本，進行交易買賣。

[5] 荷人賄賂的手段，主要有二，一是先貸款給澎湖守軍將領，讓其購買生絲等貨品再轉賣給荷人，賺取其間的差額利潤。例如澎湖遊擊王夢熊便曾利用其手下為荷人代買湖絲、紬段、刀、槍、壞鐵等貨而致富不貲。請參見福建巡撫朱一馮，〈為倭警屢聞宜預申飭防禦事〉，收入臺灣史料集成編輯委員會編，《明清臺灣檔案彙編》（臺北市：遠流出版社，2004 年），第一輯第一冊，頁 276。二是饋贈貴重且可變賣的貨物如胡椒、檀香木和象牙等禮物給澎湖的守將，來攏絡彼此間的感情，以方便澎湖貨物轉運工作的進行，它的情形誠如 1628 年時，荷人大員長官納茨（Pieter Nuijts）所說的：「以前我們饋贈一些胡椒、檀香木和生象牙給澎湖的指揮官，因為我們想，本季會有幾艘大船從巴達維亞[即今日印尼雅加達]或暹羅[即今日泰國]來，這些大船必須在澎湖入港停泊。如果，屆時他不替我們設想，我們將怎麼辦？我們用三千里爾的禮物去贏得中國的軍門[指福建巡撫]和其他大官們的好感和關懷，會比發動戰爭獲得的利益多上六倍」。見江樹生主譯/註，《荷蘭聯合東印度公司臺灣長官致巴達維亞總督書信集Ⅱ（1627-1629）》（南投市/臺南市：國史館臺灣文獻館/國立臺灣歷史博物館，2010 年），頁 155。

[6] 請參見福建巡撫朱一馮，〈為倭警屢聞宜預申飭防禦事〉，收入臺灣史料集成編輯委員會編，《明清臺灣檔案彙編》，第一輯第一冊，頁 276。鄭芝龍，泉州南安人，私販、海盜出身，是天啟、崇禎年間東南海上的風雲人物。鄭的勢力崛起，和荷人有著密切的關係，主要係由與荷人關係良好的旅日私梟首領李旦居中推薦，期間，鄭亦因扮演李和荷人之間言語溝通的角色，使得鄭有資格參與中國

運載兵丁投靠鄭芝龍並在海上行劫，[7]不肖官員暗助荷人擋走敵對的西班牙船隻，[8]以及王夢熊和標下把總葉大經等向荷人借款購貨，再轉而販售荷人賺取差額利潤，[9]……等。

因為，澎湖駐軍無法發揮預期應有的功能，尤其是，游擊王夢熊的犯行在天啟七年（1627）被舉發而遭革職提問後，[10]此案不僅讓新設的澎湖遊擊體制遭受不小的創傷，同時，多少亦影響了明政府日後對澎湖進行裁軍的決策走向；而此際北方正值滿人犯邊問題嚴重，明政府軍費暴增，財政開支愈加地龐大，各省必須分攤中央交派的軍費，[11]財政窘困的福建亦不得例

私梟和荷人之間的交往關係，這種關係的建立，對鄭後來的發展影響很大，鄭後來能擁有紅夷大炮就是來自於荷人的支援，後亦憑此一犀利武器，讓他縱橫無敵於東南沿海，建立海上的霸業。更重要的是，鄭還在李死後侵吞他所寄存的大筆資產，亦因擁有此一豐厚財源，使得鄭的海盜事業更加熾烈地發展起來。請參見蘇同炳，《明史偶筆》（臺北市：臺灣商務印書館，1995 年），〈李旦與鄭芝龍〉，頁 239。

7　福建巡撫朱一馮，〈為倭警屢聞宜預申飭防禦事〉，收入臺灣史料集成編輯委員會編，《明清臺灣檔案彙編》，第一輯第一冊，頁 276。

8　請參見江樹生主譯/註，《荷蘭聯合東印度公司臺灣長官致巴達維亞總督書信集 II（1627-1629）》，頁 81-82。

9　請參見福建巡撫朱一馮，〈為倭警屢聞宜預申飭防禦事〉，收入臺灣史料集成編輯委員會編，《明清臺灣檔案彙編》，第一輯第一冊，頁 276；江樹生主譯/註，《荷蘭聯合東印度公司臺灣長官致巴達維亞總督書信 I（1622-1626）》（南投市/臺南市：國史館臺灣文獻館/國立臺灣歷史博物館，2010 年），頁 238 和 265。

10　請參見福建巡撫朱一馮，〈為倭警屢聞宜預申飭防禦事〉，收入臺灣史料集成編輯委員會編，《明清臺灣檔案彙編》，第一輯第一冊，頁 277。

11　中央朝廷要求各省於田賦中加派以分攤軍費，亦因所收錢額主要用在遼東地區，故又稱為「遼餉」。明代遼餉的主要來源有五，包括田賦、關稅、鹽課、雜

外，若此時能減少澎湖的駐軍數額或調整戍防型態，對福建地方財政會有不少的助益，亦因上述的這些因素，明政府便對新設不到十年的澎湖遊擊，進行裁撤半數兵力的行動，時間最晚不超過思宗崇禎六年（1633）。

由上可知，「大海遠隔，監督不易」的地理因素、「北邊緊張，遼餉孔急」的財政因素，以及「駐軍收賄，功能不彰」的人為因素，讓明政府必須去檢討天啟五年（1625）設立的澎湖遊擊――此一運用二千餘人兵力去長年駐守孤遠、貧瘠的海島，耗費巨大財力卻弊端叢生且功能又不彰顯的措置，是否值得再繼續地執行下去？此亦是明政府對澎湖遊擊進行裁減兵力背後源由之所在。以上便是明末澎遊裁軍源由的整個大致情形，有關此，筆者另亦已撰文詳論其來龍去脈，今將該文探索的結論心得介紹說明於此，目的便是讓讀者在閱讀本文之前，對澎遊裁軍問題先有一初步的認識和瞭解。至於，本文要探討的主題，便是明政府此次澎遊裁軍的變遷經過，文中若有誤謬不足處，敬請學界先進和澎湖鄉親不吝指正之。

項和帑金，前三者屬加派，後二者屬搜括。首先提出雜項銀的是天啟初年的戶部尚書汪應蛟，而遼餉的雜項，主要包括衛所屯田、優免丁糧、平糶倉、房屋稅契、典鋪酌分、督撫軍餉、撫按捐助、巡按公費、抽扣公費和馬夫祇候。請參見楊永漢，《論晚明遼餉收支》（臺北市：天工書局，1998 年），頁 50 和 59。

二、經過情形

　　澎湖遊擊裁軍的背景源由，前已提及，主要是受到大海遠
隔監督不易、北邊緊張遼餉孔急以及駐軍收賄功能不彰這三個
因素的影響。至於，明政府對澎湖遊擊裁軍的數額及其確切時
間，因直接史料付之闕如，故難以得知其詳情，然而藉由其他
相關資料加以旁敲側擊，筆者目前推估是，此次明政府對澎湖
遊擊的裁軍行動，至少有三個重要的措施。一是駐防時間的改
變。澎湖的防軍由長年屯守改回春、冬二汛，改制時間最晚不
超過崇禎二年（1629）。二是佈防方式的調整。明政府對天啟五
年（1625）逐荷復澎後陸主水輔、固守島土的政策進行調整，
改採取似先前以水師兵船、防海禦敵為主力的佈防方式。因為，
明政府於逐荷復澎的善後事宜中，曾構築穩澳山堡城以及風
櫃、西安、案山等三座銃城，做為駐澎官兵長年戍防之地，同
時亦可提供歇宿之處所，它的情況已和先前澎湖、（澎湖）衝鋒
二遊兵時，所採取「居舟不居陸」的佈防型態已有所差異。[12]但

12　因為，在此之前春、冬二季汛防澎湖的遊兵，不僅收、發汛時間有所規定，而
　　且需如其他的水寨、遊兵般，人員是待在船上的，亦因是居舟不居陸，假若遇
　　不明船隻闖入汛地，便可馬上行動將其驅離。雖說如此，筆者仍對澎湖官兵於
　　春、冬汛期時，完全可做到居舟不居陸的說法，感到十分地懷疑。主要是，春、
　　冬二汛合計長達五個月，海上風濤顛簸難適，而且，船上生活單調又不方便，
　　加上，澎湖又離內地十分地遙遠，在明政府不易監控的情況之下，相信官兵違
　　反規定發生的機率一定是很高的，諸如勤務鬆閒時兵船泊靠灣澳，人員登岸休
　　息或活動，甚至在陸島上修築非法的房舍，以方便上岸時停留……等，皆有可
　　能發生。請參見何孟興，〈海中孤軍：明萬曆年間澎湖遊兵組織勤務之研究

是，此時疑又將新設澎湖遊擊轄下陸兵的左、右翼把總撤廢，改以水師的澎湖、澎湖衝鋒（以下簡稱「澎衝」）把總替代之，亦即減少島上駐防的陸兵，增加水師的數額，實施時間疑在崇禎（1628-1644）初年時。三是澎湖把總的裁撤。此次，明政府裁撤的是澎湖遊擊轄下的澎湖把總及其部隊，推動時間可能在崇禎初年，最遲不超過六年（1633）七月。至於，澎湖遊擊總共被裁撤多少的兵力，據筆者目前推估，可能在半數即一，一〇〇人左右，而被裁撤的澎湖把總兵力即在其中！此次，明政府雖裁去澎湖把總及其兵力，卻以澎湖遊擊轄下直屬的中軍，即標下把總及其部隊來替代之，亦即明政府雖對澎湖進行裁軍，但仍延續神宗萬曆四十四年（1616）浯澎遊兵成立時，所採取的澎湖、（澎湖）衝鋒二遊兵－－即正奇並置、戰術完整的佈防方式，[13]今改由澎湖遊擊率領轄下的標下、澎衝二把總各

（1597-1616 年）〉，《硓𥑮石：澎湖縣政府文化局季刊》第 64 期（2011 年 9 月），頁 95。

[13] 萬曆四十四年時，閩撫黃承玄奏准整併廈門、澎湖兩地的水師成立浯澎遊兵，包括原先浯銅遊兵、澎湖遊兵和新添增的（澎湖）衝鋒遊兵。因為，澎湖一地有正面當敵的澎湖遊，澎、廈海域又有哨巡策應的衝鋒遊，此一正奇並置、固守澎湖的佈署方式，讓「海中」的澎湖兵防，走上「內岸化」的道路，此不僅在明代福建海防史上別具意義，同時亦說明，福建當局正努力去嘗試「如何較為有效地去掌握今日的臺灣海峽？」進而為海峽對岸的內地，提供更為安全的保障。之後，天啟元年雖裁撤了浯澎遊兵，但哨巡策應海上的衝鋒遊兵被保留下來，再配合汛守澎湖的澎湖遊兵，此一正奇並置、戰術完整的佈防方式，說明著福建當局固守澎湖的決心，同時亦讓澎湖兵防型態繼續地走向「內岸化」的道路。請參見何孟興，〈明末浯澎遊兵的建立與廢除（1616-1621 年）〉，《興大人文學報》第 46 期（2011 年 3 月），頁 153。

自扮演正、奇兵的角色來捍衛澎湖海疆，讓海中的澎湖繼續走向內岸化的兵防佈署目標，依然是沒有改變的，可見明政府的政策是有一貫延展性的。接下來的內容，便是要說明澎湖遊擊裁軍的經過情形。

（一）「長年屯守」改回「春冬二汛」

首先是，有人對天啟五年（1625）改制後的澎湖駐軍，能否發揮功能提出了質疑，其中，最引人注目的是池顯方（籍貫泉州同安）。[14]崇禎（1628-1644）初年時，家住廈門的池（附圖一：池顯方的故鄉廈門今貌，筆者攝。），以在地人身分建言，自稱「家居鷺島[按：即廈門]，近山海而知魚鳥，問耕織必就婢奴」，[15]寫信給閩撫熊文燦，[16]對澎湖駐軍無法發揮功能，難

---

14 池顯方，字直夫，號玉屏子，中左所人，係池浴德之子，其生平事蹟如下：「初，（池顯方）受知於（福建）撫軍南居益。天啟二年，舉應天試。工詩文，喜山水，……時與鍾譚唱和，海內名輩如董其昌、黃道周、何喬遠、曹學佺皆折節樂與交；尤與同邑蔡復一稱莫逆。……著有《晃巖集》、《南參集》、《玉屏集》、《澹遠詩集》、《李杜詩選》；林孕昌序其集云：『直夫冰璞枯骨，畔幅坊身；學紹青箱，韻高白雪：卓乎不可一世云』。」見周凱，《廈門志》（南投市：臺灣省文獻委員會，1993年），卷13，〈列傳下・寓賢〉，頁533。

15 池顯方，《晃巖集》（廈門市：廈門大學出版社，2009年），卷之21，〈書（一）・熊中丞書〉，頁406。附帶一提的是，上文中出現"[按：即廈門]"者，係筆者所加的按語，本文以下內容若再出現按語，則省略為"[即廈門]"，特此說明。

16 熊文燦，貴州永寧衛軍籍，四川瀘州人，原職為福建右布政使，以右僉都御史巡撫福建，崇禎元至五年任。崇禎元年，熊任閩撫時，海盜鄭芝龍由廈門攻銅山，熊遂招鄭來降，命為海防遊擊。之後，熊因勳討海盜李魁奇、劉香有功，而為楊嗣昌所薦，獲崇禎帝重用之。

以監督且耗費龐大，以及裁撤澎湖遊擊一職，提出以下的具體建言：

> 一、減彭兵。彭湖近設重兵，防紅夷[即荷蘭人]也。今（紅）夷已徙（臺灣）矣，有以市之，彼如處內地，何利于彭（湖）；無以市之，彼直入內地，亦不顧于彭（湖）！至（於）海賊交通于（紅）夷，結穴于臺灣，賊踪之往來，彭（湖）兵既無從詰，彭（湖）兵之虛實，內地又無從稽，致餓士私逃、運艘難繼，糜不貲之餉，養難問之師。惟願裁過半以補內島，留一（把）總以轄十舟，出則守彭（湖），入則隸南標[即南路參將轄下中軍]，而遊擊之設似可議去者也。[17]

上文中的「彭湖近設重兵」，係指天啟五年（1625）明政府逐荷後重新佈署澎湖的防務，設立澎湖遊擊率兵二千一百餘名鎮守一事。池認為，荷人既然已撤離澎湖，新設的澎湖遊擊亦可廢去，並裁減其半數以上的兵力，將其轉而移駐內島的金、廈等地，澎湖僅留下一位把總率領水師十艘兵船即可，且於春、冬出汛赴澎防守，非汛返航則歸南路參將直屬的中軍轄管，毋須似目前般地佈署重兵長年戍防。池所持的理由有三，一、荷人徙據臺灣後，不管有否允許其與我通市貿易，澎湖對其重要性已大不如前，上文「今（紅）夷已徙（臺灣）矣，有以市之，

17　池顯方，《晃巖集》，卷之 21，〈書（一）・熊中丞書〉，頁 407。

彼如處內地，何利于彭；無以市之，彼直入內地，亦不顧于彭！」，即是指此。二、盤據臺灣的荷人與海盜勾結，駐澎軍又無從去掌握盤查其行蹤往來，根本無法發揮其功能。三、澎湖遠隔大海，駐軍難以監督，「彭（湖）兵之虛實，內地又無從稽，致饑士私逃、運艘難繼，靡不貲之餉，養難問之師」。其中，第一點荷人徙臺後澎湖重要性不如前的說法大有問題，前已提及，荷人前來東亞海域進行經貿活動，澎湖是其東亞貿易重要的中間轉運站，此一情況可從《熱蘭遮城日誌》、《荷蘭聯合東印度公司臺灣長官致巴達維亞總督書信集》……諸史料中獲得證實，[18]然而池有此說法，其原因可能有二，一是池不知外海的澎湖，是荷人東亞貨物的重要轉運站。二是池知悉此，卻以個人因素希望能轉調澎湖遊擊半數以上的兵力，來防衛自己鄉里金、廈的安危！[19]至於，池所指的「彭（湖）兵之虛實，內

18　例如一六三○年八月二十二日荷人快艇 Wieringen 號與 Assendelft 號及戎克船新港號由大員（今日臺南安平）出發前往澎湖，要去卸載從巴達維亞來的那些快艇上的貨物，然後再運回來大員。請參見江樹生譯註，《熱蘭遮城日誌（第一冊）》（臺南市：臺南市政府，2000 年），頁 34。又如一六三八年八月十一日，荷蘭東印度公司派上席商務員保羅・特勞牛斯（Paulus Traudenius）由大員出發，帶領裝載著要運往日本的貨物的快艇 Cleyn Bredamme 號、Waterloosewerve 號以及五艘中國人的戎克船出航前往澎湖，並要去那裡卸下由巴達維亞駛來的大船 Swol 號上的各種貨物，然後將這些由大員帶來的貨物，再裝上 Swol 號出航前往日本。請參見同前書，頁 405。

19　因為，廈門的池家和金門的蔡家，皆當地望族，彼此且有姻親關係，其中，池顯方的姊妹嫁給金門平林人蔡獻臣為妻。而且，不管是池顯方的《晃巖集》或是蔡獻臣的《清白堂稿》，文集中皆有為自己鄉里百姓請命，以及替明政府獻策的議論主張。故之。

地又無從稽，致饑士私逃、運艘難繼，糜不貲之餉，養難問之師」，卻是點出了澎湖駐軍問題的要害處。明政府在北邊紛擾、財政拮据的情況下，每年卻要花費鉅款來養難以監督、弊端重重的澎湖大軍，確實引來不少的訿病和批評，並遭來裁軍撤將的議論。

不僅，池顯方有裁減澎湖駐軍、節省兵費的建議主張，時任兵科給事中的馬思理亦有類似見解，崇禎二年（1629）時，他曾奏題裁減澎湖遊擊半數兵力，以助遼餉軍需，內容如下：

> 然目前急著，惟在議餉遼急，既不堪扣留民窮，又不堪加徵，乃雜派一項比正供，差可轉移，況前有權宜動支之旨，聞舊撫臣已用其半，今所餘有幾。竊以量留雜派一年，更可措手，不致坐困，不識司計者何吝而不為此。又臣[即馬思理]鄉彭湖遊擊原非舊設，自神廟[即神宗萬曆年間]時曾置二千兵，歲糜洋餉二萬餘兩。計其地孤懸，海島守之易於接濟，棄之猶恐資敵，若更番出汛，亦保無虞，即撤其半以助軍需，亦無不可者，他如在在聯絡漁兵，在在操練汛兵。水陸兼制，文武併力，數年之後，海國且為金湯。[20]

---

[20] 熊文燦，〈為閩寇未除按近日情形仰祈皇上神謀制勝以奠海邦以保萬全事〉，收入臺灣史料集成編輯委員會編，《明清臺灣檔案彙編》，第一輯第一冊，頁325。文中的「自神廟時曾置二千兵」，係指明政府因應中日朝鮮之役，日軍可能進襲閩海，遂於萬曆二十六年春天，佈署澎湖遊兵一，六○○人，兵船四十艘，另外，

馬思理認為，澎湖「計其地孤懸，海島守之易於接濟，棄之猶恐資敵」，若改為輪番出汛前往戍防，該地安危亦能無虞慮，至於兵力數量上，即便裁減其半數用來資助北方軍費龐大的開銷，亦無不可者。其中，池、馬等人建議的澎湖駐軍由長年屯守改回昔日春、冬二汛的戍防型態，似乎很快地獲得明政府認同並付諸實施，時間最晚當不超過崇禎二年（1629），此可從荷人史料中獲得了應證。西元一六二九年（崇禎二年）十二月八日（農曆十月二十四日），荷人臺灣長官 Hans Putmans 曾率領手下登岸澎湖的馬公島，[21]徒步尋訪島上明軍的城堡砲臺時，便曾指出：

> 在這島上[指馬公島]沒看過一棵樹，出產有甘蔗、蕃薯，雖然有人確定地說有野豬，但我們沒有看見。海邊有人居住，但人數很少，而且是一些貧窮的漁夫。島上是一片多石頭而且空禿的山地。有幾個從大員[即今臺南安平]跟我們一起回來的中國人告訴我們說，上述那些碉堡，一年住用六個月，棄置六個月，但看起來，那些碉堡和

又徵調福建沿海六處的水寨和遊兵，包括海壇遊兵、南日水寨、浯嶼水寨、浯銅遊兵、銅山水寨和南澳遊兵，各領兵船三艘共十八艘兵船遠哨澎湖，來壯大澎湖遊兵之聲勢。

21　Hans Putmans，荷蘭 Middelburg 人，西元一六二九至三六年任臺灣長官一職，並主管荷蘭東印度公司在中國沿海的事務，一六三三年任東印度議會議員，一六三六年底以回國艦隊司令官歸國，一六五四年去世。見江樹生譯註，《熱蘭遮城日誌（第一冊）》，頁2，註9。

> 房子已經那麼荒廢，那麼雜草叢生，好像已經五十年沒
> 有人來過了。[22]

Putmans 從中國人處獲悉，明軍此時一年僅在此駐防六個月，
此當指春、冬二汛而言，由上可推知，澎湖遊擊已由先前長年
駐防又改回天啟五年（1625）以前春、冬往汛的戍防型態。另
外，崇禎六年（1633）刊刻的《海澄縣志》卷一〈輿地志・形
勝・山・彭湖嶼〉條中（附圖二：珍稀史料《海澄縣志》內頁
書影，筆者攝。），亦曾載道：

> （彭湖）在巨浸中，屬（泉州府）晉江（縣）界，其合
> 兵往戍，則漳（州）與泉（州）共之者也。遊戍[指澎湖
> 遊兵]汛畢，駐澄[即漳州海澄]為多，先是只設一旅，春、
> 秋防汛[即春、冬二汛]，萬曆癸卯[即萬曆三十一年，有
> 誤]紅夷[即荷蘭人]突據、以互市請，當事力拒，乃去；
> 天啟（二年）重來，築城營窟，久之。中丞南居益遣兵
> 渡海，不勤不休，夷為宵遁，因置遊擊[指澎湖遊擊]，
> 戍以重兵。……近議更「守」[即長年駐防]為「汛」[即
> 春、冬二汛]，較稱活法。[23]

22　江樹生譯註，《熱蘭遮城日誌（第一冊）》，頁7。

23　梁兆陽修，《海澄縣志》（出版地不詳：中國書店，1992年；明崇禎六年刻本影
　　印），卷1，頁22。文中的萬曆「癸卯」，即三十一年，有誤，應為「甲辰」，三
　　十二年。特此說明。

上文亦認為，明政府最近將澎湖駐軍由長年駐守改為春、冬往汛一事，不失是一變通的靈活辦法。除了，明政府對澎湖駐軍進行更「守」為「汛」的改革外，筆者大膽地推估，配合此一改革行動之前，明政府可能先對澎湖遊擊的兵力編制進行調整，疑將其轄下陸兵的左、右翼二把總撤廢掉，改設回原先的水師澎湖、澎衝二把總，亦即捨棄天啟五年（1625）改制後的「陸主水輔，固守島土」的防禦思維，改回先前的遊兵時期「水師兵船，防海禦敵」的佈防方式。假若真是如此，則此一措施，可謂是明代海防發展史上的一大挫折，天啟五年明帝國在海外瘠乏的澎湖島上，佈署二千餘人的兵力，另又搭配水陸兼備、築城置營和軍民屯耕等一連串的措置，而此一龐大佈防的行動卻以失敗收場，令後人感到欷歔不已。

　　至於，上述池顯方、馬思理等人裁減澎湖遊擊半數兵力的主張，卻不似更「守」為「汛」般地獲得全面性的認同，有人便不贊成馬上對澎湖進行裁軍變更的行動，例如崇禎四年（1631）二月，福建巡按羅元賓在上奏答覆馬思理「條議海寇未靖」的疏中，便明白地表示其看法：

　　閩中年來夷[即荷蘭人]、寇[指海盜]交訌，海濱之民未得安居樂業。……惟彭湖孤注海外，去漳、泉度河二千里而遙。往紅夷難作，欲踞此地，窺吾門戶；特設遊擊一員，統兵駐之。但聞此地無高山深澤，耕牧不便，戍守為難；又茫茫巨浸之間，訓練、稽查皆非易事：撤其外

以實其內，亦今日救時急著。而說者謂海寇未靖，恐有
不逞之徒一旦乘虛竊據，便貽他日無窮之憂；則目前惟
有嚴虛冒、慎進止，姑俟氛祲漸消，即為更置之圖：此
為確論也。[24]

羅元賓認為，澎湖遠處海外，耕牧不便，戍守為難，且訓練、
稽查不易，雖然撤回澎湖駐軍移防沿岸內島，亦是現今救時急
著之法，但海盜鍾斌、劉香等人猖獗未靖，假若澎湖倉促地裁
撤兵力，恐為不逞之徒乘虛竊據，徒留無窮的後患，如何防止
該地戍兵虛冒濫充，並留意其作為表現是目前努力的重點，等
到他日局勢穩定之後，再做一番的調整更動，才是正確穩當的
做法。雖然，羅個人反對裁減澎湖遊擊兵力，但不可否認的是，
澎湖駐軍若改為春、冬往汛，不似先前般地長年地駐守，多少
亦減輕明政府經濟的負擔，尤其是，在北邊軍費吃緊，財政極
度地困難，再加上，澎軍又是弊端嚴重、功能難以彰顯的情形
下，要明政府再繼續花費鉅資去養澎湖二千餘人兵力，如池顯
方所稱的「糜不貲之餉，養難問之師」，根本是一件很困難的事，
因此，裁減澎湖兵力是件勢在必行的事！

（二）裁撤澎湖遊兵把總

有關明政府裁減澎湖遊擊兵力的情況，目前得知，此次澎

---

[24] 臺灣銀行經濟研究室編，《明實錄閩海關係史料》（南投市：臺灣省文獻委員會，
1997 年），附錄一，崇禎四年二月丁卯條，頁 157-158。

湖駐軍共約裁撤半數即一,一〇〇人左右的兵力,裁軍時間最晚不超過崇禎六年（1633）,[25]而且,裁撤的對象係澎湖遊擊轄下的澎湖把總及其部隊,該把總原和澎衝把總分飾正、奇兵的角色,今經裁撤後,改以澎湖遊擊直屬的中軍,即標下把總及其部隊來替代之。首先是,澎軍裁撤兵力的數額。崇禎六年（1633）時,金門人蔡獻臣（籍貫泉州同安）（附圖三:蔡獻臣的故鄉金門瓊林,筆者攝。）,[26]便曾為文指道:

> 彭湖者,我東南海之盡境也。……既而,南撫臺[即閩撫南居益]時,紅夷[即荷蘭人]外訌,築銃城於彭（湖）之風櫃,而耕、漁之業荒矣,內地且岌岌焉。南撫臺與俞總戎[即南路副總兵俞咨皋]費盡心力,誘而處之臺灣,尋疏請設一遊戎[即澎湖遊擊],而增漳、泉兵至（一

---

25 至於,澎湖把總及其部隊裁撤的時間,根據筆者的推估,最快亦應在前述崇禎四年二月福建巡按羅元賓上疏反對澎湖立即裁軍一事之後。此外,附帶一提的是,海盜李魁奇曾於崇禎二年入犯漳州海澄,澎湖把總張天威曾卦援卻不幸力戰身亡,此事亦可間接地證實著,至少在崇禎二年時,澎湖把總確實還存在著,尚未被明政府裁撤掉。有關此,請參見梁兆陽修,《海澄縣志》,卷7,頁19-20。本文發表於《硓𥑮石:澎湖縣政府文化局季刊》第69期時,並無此條註釋,今特別補入,以供讀者參考。

26 蔡獻臣,泉州同安人,字體國,萬曆十七年進士,授南京刑部主事,曾任浙江巡海道、提學副使……等職,後為宦官魏忠賢所劾,削籍歸里,卒後追贈刑部右侍郎,著有《清白堂稿》等書。

千二、三百人，更番戍守。今未十年，而兵僅存其半矣，
毋亦為餉少乎？[27]

上文中提及兩件要事，一是天啟五年（1625）新設澎湖遊
擊時，曾增添漳、泉兵丁一千二、三百人，此說無誤，史載「照
得彭湖遊擊一營，水陸官兵非二千餘名不可。查彭湖、（彭湖）
衝鋒兩遊（兵），額設舊兵共九百三十五名。今增新兵一千一百
六十九名，共二千一百零四名」，[28]文中的「今增新兵一千一百
六十九名」，即是指此。二是「今未十年，而兵僅存其半，毋亦
為餉少乎？」此一珍貴的史料線索，可以得知，澎湖遊擊經此
裁軍後僅存半數而已，亦即由原先的二,一○四人裁減剩至一,
一○○人左右，而且，係因財政困難、餉糧難繼所致。

其次，明政府裁減澎湖遊擊兵力的對象，主要是澎湖遊擊
轄下的的澎湖把總及其部隊。因為，崇禎六年（1633）六月時，
閩撫鄒維璉曾奏准將奉旨裁撤的澎湖把總姜望潮，改去頂補烽
火門水寨把總一職的遺缺，即是一明證，其詳細情形如下：

---

[27] 蔡獻臣，〈論彭湖戍兵不可撤（癸酉）〉，收入《清白堂稿》（金城鎮：金門縣政
府，1999 年），頁 133-134。

[28] 臺灣銀行經濟研究室，《明季荷蘭人侵據彭湖殘檔》，〈兵部題行「條陳彭湖善後
事宜」殘稿（二）〉，頁 21。類似上述的記載，如「今應專設遊擊一員，駐劄彭
湖，以為經久固圉之圖，即以二遊兵兩把總之。其兵除兩遊舊兵外，再添遊
擊標兵一千一百六十九名，全成一大營，仍聽南路副總兵節制，以成臂指之勢」。
見同前書，頁 20。

查有彭湖把總姜望潮原係武科，有功堪用。祇因新設五虎遊擊，（彭湖把總）經本院[即閩撫鄒維璉]具疏，奉旨裁缺，本官[即姜望潮]已空懸無屬。據其才氣，儘堪要地禦防；即其裁缺聽調，且是實任將領，非投閒者比。……看得烽火（門水）寨閩海要衝，制禦必須慣海之將。該寨把總李嗣宗近報兵故，撫臣[即閩撫鄒維璉]咨議以彭湖奉裁把總姜望潮頂補。查本官起家科目又南產慣海，向以裁缺聽調。今議頂補，人地最為得宜；似應允從，以竟駕輕就熟之用者也。[29]

除了上述的史料外，吾人亦可由同年（1633）九月中、荷的料羅灣海戰獲得了佐證（附圖四：金門料羅灣今貌，筆者攝。），該役雙方在金門海域爆發了激戰時，澎湖遊擊王尚忠便曾率領轄下的部隊應戰，包括其標下把總鄭邦卿和澎衝把總程振鶚皆參與此役，史載如下：

據彭湖遊擊王尚忠報稱，卑職[即王尚忠]奉本都院[即閩撫鄒維璉]誓師方略，督舟師（九月）十九日齊集（泉州）圍頭海洋，黎明至（金門）料羅，卑職躬督彭衝[即澎湖

---

[29] 兵部尚書張鳳翼（等），〈為缺官事〉，收入臺灣史料集成編輯委員會編，《明清臺灣檔案彙編》，第一輯第一冊，頁380。文中的「本院」，即鄒維璉以都察院副都御史巡撫福建，故之。鄒維璉，江西新昌軍籍，萬曆三十五年進士，原職為太僕寺少卿，擢為右副都御史巡撫福建，崇禎五至七年任，曾勦海盜劉香，破之，紅夷敗去。

衝鋒把總]官兵緊追，鄭師[即五虎遊擊鄭芝龍部隊]先鋒
齊向夷[即荷蘭人]艍，首用火舟焚燒大夾版船二隻，發
銃打死夷賊無數。卑職又督（澎衝）把總程振鵷官兵再
攻夾版一隻。哨官陳輝船兵爭先被夷銃死一名，彈傷三
名。又（卑職）標下把總鄭邦卿督船犁沉夷船賊哨一隻，
刺死多夷，生擒賊首一名。[30]

由上可知，澎湖遊擊參與料羅灣海戰時，僅有標下、澎衝二把
總，而此時的澎湖把總及其部隊確已遭明政府裁撤，先前擔任
澎湖把總一職的姜望潮，此時改以烽火寨把總的身分參戰。[31]另
外，值得留意的是，澎湖遊擊王尚忠的部隊，在料羅灣海戰中
亦是扮演遊兵即「奇兵」的角色，[32]此一負責伏援策應的任務
工作，自萬曆二十五年（1597）設立澎湖遊兵以來，似乎一直
是澎湖防軍在整個福建兵防佈署或作戰時所常扮演的主要角
色。

---

[30] 福建巡撫鄒維璉，〈奉剿紅夷報捷疏〉，收入臺灣史料集成編輯委員會編，《明清
臺灣檔案彙編》，第一輯第一冊，頁 355。附帶說明的是，本文前言中提及的，
澎湖遊擊王夢熊替其製造兵器和彈藥的海盜鄭芝龍，於崇禎元年時接受明政府
的招撫，成為明軍的水師將領，此時職務是五虎遊擊將軍。

[31] 請參見同前註。

[32] 崇禎六年八月十二日，閩撫鄒維璉自福州省城抵達漳州，「檄調諸將，大集舟師，
以五虎遊擊鄭芝龍，手握重兵，部多驍將，應為前鋒，而以南路副總（兵）高
應岳為左翼，泉南遊擊張永產為右翼，彭湖遊擊王尚忠為遊兵。……九月十三
日，舟渡海澄，誓師督戰，是日諸將插【歃】血為盟，同心協力。即令開駕，
相機剿夷去後。……」。請參見同前註，頁 350。

最後，若就澎湖遊擊本身的佈防型態來看，先前扮演正兵的澎湖把總雖因裁軍而被撤廢，明政府卻改以澎湖遊擊轄下的標下把總來替代之，它和澎衝把總各自扮演正、奇兵的角色，此一做法和思維亦延續天啟元年（1621）浯澎遊兵撤廢時，哨巡策應的「奇兵」衝鋒遊兵被保留下來，再配合汛守澎湖「正兵」的澎湖遊兵，構築成正奇並置、戰術完整的佈署方式。同時，此一現象亦說明著，明政府固守澎湖的決心不因澎遊裁軍而改變，並且，欲延續並深化先前澎湖兵防型態走向內岸化的一貫目標。

（三）澎湖完全撤軍之議

明政府裁減澎湖遊擊半數兵力的措置之外，似乎還存在著另一種的聲音，亦即主張自澎湖完全地撤軍。但是，從相關史料看來，此一建議始終似未被明政府所採納。至於，為何會有如此的建議？目前，能確定的原因僅知有二。第一個原因是澎湖孤懸海外，洪濤隔阻，交通往來不便。明人梁兆陽《海澄縣志》，即曾指道：

> （彭湖）在巨浸中，……。萬曆癸卯紅夷[即荷蘭人]突據、以互市請，當事力拒，乃去；天啟重來，築城營窟，久之。中丞南居益遣兵渡海，不勤不休，夷為宵遁，因置遊擊[指澎湖遊擊]，戍以重兵。蓋洪濤而大府[疑指福建巡撫]云：「後以絕島孤懸，難于得力，往往議撤，然

> 在我守之未必宣威，在賊據之為患將大，前人費幾許兵
> 力復此一塊土，豈得輕易棄捐哉？」[33]

由上可知，福建主政者根本無法接受此一說法，認為澎湖雖係
一海外孤島，難以掌握著力，「我守之未必宣威，在賊據之為患
將大」，而且，不久前閩撫南居益才耗費許多的心力，動員數千
名官兵渡海遠征，才逼迫盤據澎湖二年的荷人離去，「前人費幾
許兵力復此一塊土，豈得輕易棄捐哉？」其實，澎湖一旦棄守
而遭竊佔時，因該地位處漳、泉海外航道上，它可能會重演荷
人據此截控中流，「既斷糴船、市舶於諸洋」，[34]造成內地的米
價高漲外，且會因「今格（絕）於紅夷[指荷人]，內不敢出，
外不敢歸」，[35]海上交通為之中斷……等嚴重的後果，此亦是當
政者所瞭解而不敢隨意地放棄澎湖的原因。

　　至於，另外一個棄守澎湖完全地撤軍的原因是，澎湖防軍
無法發揮功能，官兵未能確實往汛戍防。有關此，崇禎六年
（1633）時，蔡獻臣便曾在〈論彭湖戍兵不可撤（癸酉）〉一文
中（附圖五：《清白堂稿》內頁書影，筆者攝。），對撤廢澎軍
者的主張，個人反對撤軍的理由，以及如何導引澎軍發揮功能，
做過一番深入的剖析，內容詳細如下：

---

[33]　梁兆陽修，《海澄縣志》，卷 1，頁 22。文中的「大府」，指方高官，明清之世
　　　亦稱總督、巡撫為「大府」，此處疑指福建巡撫。

[34]　臺灣銀行經濟研究室編，《明實錄閩海關係史料》，〈熹宗實錄〉，天啟三年九月
　　　壬辰條，頁 134。

[35]　同前註，天啟三年八月丁亥條，頁 132。

彭湖者，我東南海之盡境也。舊傳為晉江尾都，後乃徙而墟之，今為漳、泉海民耕漁之區，而與東番臺灣為隣，具內則浯洲，則烈嶼，則嘉禾，皆同安都圖地。彭湖戍兵未詳創自何年，然陳懷雲撫臺[即閩撫陳子貞]時，即有撤兵之議，愚私心以為不可，曰：「多兵（雖）不足禦夷，而撤兵適足資賊」。……然主帥既不能數履，而裨帥亦多偷安內地，則僅以二、三兵哨往，其有無三分之一誠不可問，故議者欲撤而去之，曰：「與其守外[指海外澎湖]，何若守內[指沿岸內島]，與其置之茫茫不可稽之域，何若布之目前而時偵探及之之為愈」。不知夷[即荷人]與賊[指海盜劉香等人]豈俱偵探，而我兵亦豈肯茫茫海洋中時出偵探者哉！且夷、賊相依者也，賊聚必借夷以為聲，夷入則我民之為賊者必附之，今紅夷敗衂[疑指崇禎六年料羅灣海戰荷人挫敗一事]之餘，聞有一二船停泊于彭（湖），而耕漁之民已驚擾而竄矣，倘一旦盡撤，令夷、賊得盤據其中，而不時入而騷我內地，豈惟向之城風櫃[指天啟二年荷人據澎築城一事]而已，吾俱濱海之不得寧居也。[36]

36　蔡獻臣，〈論彭湖戍兵不可撤（癸酉）〉，收入《清白堂稿》，頁133-135。文中的陳懷雲，即陳子貞。陳，江西南昌人，萬曆八年進士，二十一年任福建巡按監察御史，任內頗具聲譽。三十七年擔任福建巡撫一職，三十九年五月自陳乞罷，上命其照舊供職，後卒於官。史載，「子貞，南昌人。以進士歷監察御史，按閩

蔡在上文中指出，主張撤廢澎軍者的理由，大致有二，一是將弁未能確實涖地執勤，澎湖防軍功能不彰，「主帥既不能數履，而裨帥亦多偷安內地，則僅以二、三兵哨往，其有無三分之一誠不可問」。二是與其耗費龐大軍力遠戍海外澎湖，不如將其改為防守沿岸內島來得好些，「與其守外，何若守內，與其置之茫茫不可稽之域，何若布之目前而時偵探及之之為愈」。蔡個人反對此，認為澎湖是東南海上之邊境，漳、泉海民耕漁之區，地位十分地重要，該地「多兵（雖）不足禦夷，而撤兵適足資賊」。假若澎湖撤軍的話，荷人又與海盜狼狽為奸、互為聲援，會直接危害到漳、泉沿岸的安全。關於此，蔡便舉例道，今荷人雖才遭挫敗而已，但其僅一、兩艘船停泊在澎湖，就可讓附近耕漁之民驚嚇竄逃了，假若將軍隊全數撤走而讓荷人和海盜佔據澎湖，他們可據此不時地潛入內地騷擾，如此濱海地區百姓則不得安寧。另外，蔡並針對澎湖防軍的弊端問題，提出兩個解決的方案。一是澎湖防軍將弁偷安的問題，他主張「不必撤兵而當勵將，又戍（防）彭（湖）之要看也」，[37]亦即鼓勵將弁勇於任事、有責任感是最好的方法，畢竟澎湖大海遠隔、不易監督是明政府難以克服的問題，唯有從心靈層面去改變官兵的想

有聲，歷巡撫福建。視師海上，修明前撫趙參魯之政。卒於官」（見何喬遠，《閩書》，卷之45，〈文蒞志〉，頁1129。）。上文中的「修明前撫趙參魯之政」，係指閩撫趙參魯於倭侵朝鮮、沿海告警時，曾整飭福建沿海武備。例如留存輸北備虜錢銀以裕兵費、慎擇水寨將領的人選、增加戰船和水兵的數額……等。

[37] 蔡獻臣，〈論彭湖戍兵不可撤（癸酉）〉，收入《清白堂稿》，頁135。

法，令其負起保衛海疆的職責。二是降低澎軍統帥的層階，減
少澎湖兵力的數額，來減輕明政府財政的負擔。前文曾語及，
蔡嘗指澎軍「今未十年，而兵僅存其半」，即今僅剩下一，一○○
人左右，他認為還要再進一步的裁軍，主張「裁（撤）遊戎[指
澎湖遊擊]，題欽（依把）總，設二名（名色）把總，四（名）
哨官，而（漳、泉）二郡各以兵四百人隸之，使更番哨守（彭
湖），便（可）」。[38]亦即將澎軍再裁減三○○人僅剩到八○○人，
官兵餉糧依然由漳、泉二府共同支應，並且，將層階較高的澎
湖遊擊將軍裁撤掉，改以福建巡撫、巡按所薦舉，中央兵部選
差題請的欽依把總替代之，其下並設兩位名色把總和四位哨
官，率領裁後官兵八○○人戍防澎湖，即可。然而，蔡上述的
建議主張，因目前相關史料難覓，無法知悉明政府有否接受，
但根據筆者初步地推估，它的可能性並不高，而且，澎湖防軍
很有可能由遊擊繼續來領軍，且兵力額數亦未有重大的更動。
甚至於，此一景況，直至崇禎十七年（1644）明亡國很可能皆
是如此。[39]

38　同前註。

39　筆者對上面語句稍做調整，祈使所述之內容愈加地周延，而本文發表於《砧砧
　　石：澎湖縣政府文化局季刊》第69期時，原係「然而，蔡上述的建議主張，從
　　史料看來似乎未被明政府所接受，且據筆者目前所知，澎湖防軍依然由澎湖遊
　　擊領軍，兵力額數似亦未有重大的變動，此一景況，直至崇禎十七年（1644）
　　明亡國前似皆如此」，特此說明。

三、結　論

　　明政府對澎湖遊擊裁軍確切的時間、內容及其數額，因直接史料付之闕如，故難以得知其詳情，然而，經過筆者反覆的推敲，以及相關資料的比對拼湊，目前推估的情形是，此次明政府對澎湖遊擊的裁軍行動，至少可分為兩個階段，第一階段澎湖防軍由長年屯守改回春、冬二汛，推動的時間最晚不超過崇禎二年（1629）。明政府在對澎軍進行更「守」為「汛」的改革時，疑曾為配合此而先對澎湖遊擊的兵力編制進行內部調整，將其轄下陸兵的左、右翼二把總撤廢掉，改設回原先的水師澎湖、澎湖衝鋒二把總，亦即捨棄天啟五年（1625）改制後的陸主水輔、固守島土的防禦思維，改回先前的遊兵時期水師兵船、防海禦敵的佈防方式。第二階段是澎湖遊擊裁軍的內容及其數額。明政府北邊軍費吃緊，財政極度地困難，澎湖駐軍開銷龐大，而且，內部弊端嚴重功能又難以發揮功能，是此次裁軍的原因，此次約裁去半數兵力，僅剩下半數即一，一○○人左右，裁軍時間最晚不超過崇禎六年（1633）。至於，被裁撤的對象，主要是澎湖遊擊轄下的澎湖把總及其部隊，實施時間最晚亦不超過崇禎六年（1633）七月。其次，為何裁撤澎湖把總而不裁澎衝把總，主要應是兵防戰術上的考量，澎湖遊擊將軍及其標下把總所轄的兵力為負責正面接敵的「正兵」角色，衝鋒把總及其部隊則是扮演伏援策應的「奇兵」（即「遊兵」）角色，亦是延續萬曆四十四年（1616）浯澎遊兵成立時，所採取

的澎湖、（澎湖）衝鋒二遊兵正奇並置、戰術完整的佈防方式，[40]今雖裁去澎湖把總及其兵力，卻以澎湖遊擊直轄的標下把總兵力來直接替代其角色，此同時亦顯示，明政府雖裁減澎湖的部分兵力，但其仍然延續自萬曆末年成立浯澎遊兵時，讓「海中」的澎湖兵防走上「內岸化」道路的目標依然是沒有改變的。

（原始文章刊載於《硓𥑮石：澎湖縣政府文化局季刊》第 69 期，澎湖縣政府文化局，2012 年 12 月，頁 77-95。）

---

[40] 請參見同註 13。

附圖一：池顯方的故鄉廈門今貌，筆者攝。

附圖三：蔡獻臣的故鄉金門瓊林，筆者攝。

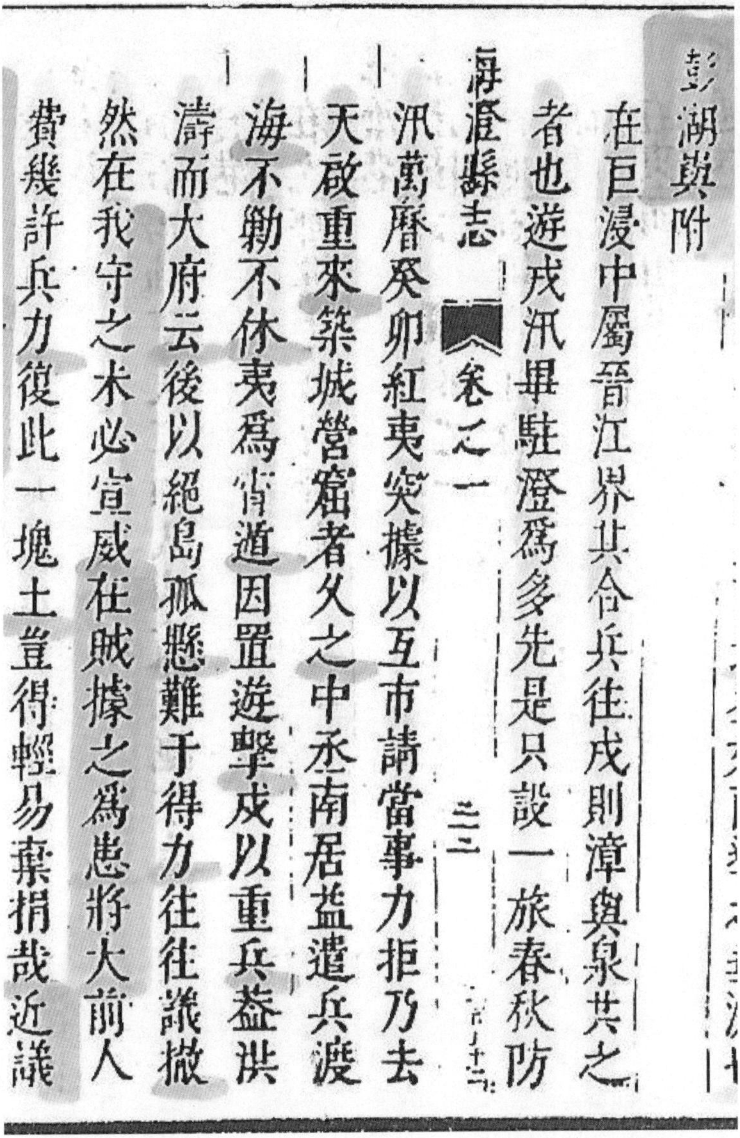

澎湖嶼附

在巨浸中屬晉江界其令兵往戍則漳與泉共之
者也遊戎汛畢駐澄爲多先是只設一旅春秋防
汛萬曆癸卯紅夷突據以互市請當事力拒乃去
天啟重來築城營窟者久之中丞南居益遣兵渡
海不勤不休夷爲宵遁因置遊擊戍以重兵益洪
濤而大府云後以絕島孤懸難于得力往往議撤
然在我守之未必宣威在賊據之爲患將大前人
費幾許兵力復此一塊土豈得輕易棄捐哉近議

海澄縣志 《卷之一》 二二

附圖二：珍稀史料《海澄縣志》內頁書影，筆者攝。

附圖四：金門料羅灣今貌，筆者攝。

附圖五：《清白堂稿》內頁書影，筆者攝。

國家圖書館出版品預行編目資料

禦敵海上：明代閩海兵防之探索 /
何孟興 著 -- 民國 106 年 5 月 初版.-
臺北市：蘭臺出版社 -
ISBN： 978-986-5633-57-8 (平裝)
1.軍事史 2.海防 3.明代
590.9206   106006276

明清史研究 4

禦敵海上：明代閩海兵防之探索

著　　者：何孟興
執行主編：高雅婷
封面設計：林育雯
出 版 者：蘭臺出版社
發　　行：蘭臺出版社
地　　址：台北市中正區重慶南路 1 段 121 號 8 樓之 14
電　　話：(02)2331-1675 或(02)2331-1691
傳　　真：(02)2382-6225
E—MAIL：books5w@gmail.com 或 books5w@yahoo.com.tw
網路書店：http://bookstv.com.tw/、http://store.pchome.com.tw/yesbooks/、
　　　　　http://www.5w.com.tw、華文網路書店、三民書局
劃撥戶名：蘭臺出版社　帳號：18995335
網路書店：博客來網路書店 http://www.books. com.tw
香港代理：香港聯合零售有限公司
地　　址：香港新界大蒲汀麗路 36 號中華商務印刷大樓
　　　　　C&C Building, 36,Ting, Lai, Road, Tai,Po, New,Territories
電　　話：(852)2150-2100　　　傳真：(852)2356-0735
總 經 銷：廈門外圖集團有限公司
地　　址：廈門市湖裡區悅華路8 號4 樓
電　　話：(592)2230177　　　傳 真：(592)-5365089
出版日期：中華民國 106 年 5 月 初版
定　　價：新臺幣 360 元整

ISBN　978-986-5633-57-8